**国家中等职业教育改革发展示范学校规划教材·计算机网络技术专业**

# 信息技术实训

主　编　张宝慧　米聚珍

副主编　朱亚静　吴利成　高　博

中国财富出版社

**图书在版编目（CIP）数据**

信息技术实训/张宝慧，米聚珍主编. —北京：中国财富出版社，2015.2

（国家中等职业教育改革发展示范学校规划教材. 计算机网络技术专业）

ISBN 978 – 7 – 5047 – 5572 – 8

I. ①信…  II. ①张…  ②米…  III. ①电子计算机—中等专业学校—教材  IV. ①TP3

中国版本图书馆 CIP 数据核字（2015）第 044217 号

策划编辑  王淑珍          责任印制  何崇杭
责任编辑  葛晓雯          责任校对  梁  凡

| | | |
|---|---|---|
| 出版发行 | 中国财富出版社（原中国物资出版社） | |
| 社　　址 | 北京市丰台区南四环西路 188 号 5 区 20 楼 | 邮政编码　100070 |
| 电　　话 | 010 – 52227568（发行部） | 010 – 52227588 转 307（总编室） |
| | 010 – 68589540（读者服务部） | 010 – 52227588 转 305（质检部） |
| 网　　址 | http://www.cfpress.com.cn | |
| 经　　销 | 新华书店 | |
| 印　　刷 | 中国农业出版社印刷厂 | |
| 书　　号 | ISBN 978 – 7 – 5047 – 5572 – 8/TP · 0088 | |
| 开　　本 | 787mm × 1092mm　1/16 | 版　　次　2015 年 2 月第 1 版 |
| 印　　张 | 14.5 | 印　　次　2015 年 2 月第 1 次印刷 |
| 字　　数 | 300 千字 | 定　　价　32.00 元 |

# 国家中等职业教育改革发展示范学校
# 规划教材编审委员会

# 前　言

随着 21 世纪的到来，人类步入信息社会，信息——这个与人类文明进步相伴的词语备受注目，并已渗透到人类社会的政治、军事、外交、经济、文化、技术、生活和娱乐等领域，与国家的繁荣富强、长治久安、民族昌盛、社会生产力的发展密切相关。从国家的治理者、企业集团的领导者到平民百姓，从小学生、中学生到大学生，对信息的关注和渴求变得空前强烈。提高从业者自身信息素养，增强驾驭信息的能力已成现代教育的重要内容。

为了加强河北省大学生的计算机及信息处理能力的需要，河北省教育厅要求各高等院校的毕业生必须通过河北省计算机等级一级考试，成绩合格方可毕业，为此还制定了相应考试大纲。本实训教程是根据河北省计算机一级考试大纲（2013）的要求，对考试内容做了详细的阐述和操作要求总结，并对以前考试内容进行了充分的分析。本教程还配备可供学员上机练习的考试真题资料，可从中国财富出版社网站（www. cfpress. com. cn）进行下载。

全书共 7 个实训项目，包含 23 个子实训项目，采用理论与操作实践的模式编写，以计算机基础知识为载体，以实际操作为教学主线，分别从操作系统、文字排版、电子表格、幻灯片和网页制作等软件的使用，诠释计算机一级考试大纲的重点和难点。

本书由张宝慧、米聚珍任主编，朱亚静、吴利成、高博任副主编。其中朱亚静、吴利成、张秀生、刘会菊编写了项目一和项目二，高博、王维民、王林浩、赵江华编写了项目三、项目四、项目五，靳颖、刘晓玲、卢玉奎编写了项目六和项目七。张宝慧负责全书内容的规划和统稿工作；米聚珍负责整理并审核了全书内容。

在本书的编写过程中，得到了石家庄市弥敦环保科技有限公司和神州数码网络（北京）有限公司的大力支持和指导，在此表示由衷的感谢。

由于编写时间仓促，加之作者水平有限，书中难免出现不足之处，敬请读者批评指正。

编　者

2014 年 12 月

# 目　录

# 项目一  计算机基础知识

随着时代的发展，计算机已经深深地融入我们的日常生活，成为我们生活中不可缺少的部分。作为新时代的青年，我们有必要来学习计算机相关的知识。

本项目是计算机操作的理论基础，只有理解了这些内容才能为大家迈向下一步打下一个良好的开端。当然，所有的理论都免不了有些枯燥，大家可以配合章节中的图、表，或者课外资料来加强对这些知识的理解，提高自己对学习的兴趣，逐步走向自己梦想的计算机世界。

## 实训一  信息技术基础知识

### 🔍 实训目标

1. 熟知信息的概念、特征和分类。
2. 学会信息技术的概念和特点。
3. 熟悉我国的信息化建设。

### ⊕ 实训基础知识

#### 一、信息的概念及特征

#### （一）信息的概念

信息是一个不断变化和发展的概念，它既具有物质性，又具有社会性。它是一个多元化、多层次、多功能的复杂综合体，对其应从不同角度和侧面来考察。信息是人们对客观存在的一切事物的反映，是通过载体所发出的消息、情报、指令、数据及信号中所包含的一切可传递和交换的知识内容（见图1-1）。

#### （二）信息的特征

信息的特征主要体现在以下几个方面：

图1-1 信息的实例

1. 社会性

信息一开始就直接联系于社会应用，它只有经过人类加工、取舍、组合，并通过一定的形式表现出来，才真正具有使用价值。信息化的发展表现为对国家或世界的社会、政治、经济、文化和日常生活等各个方面的深刻影响或改变。

2. 传递性

信息的传递性是指任何信息只有从信源出发，经过信息载体传递才能被信宿接收并进行处理和运用。也就是说，信息可以在时间上或空间上从一点转移至另一点，可以通过语言、动作、文献、通信、电子计算机等各种媒介来传递，而且信息的传递不受时间和空间限制。信息在空间中的传递称为通信；信息在时间上的传递称为存储。

3. 共享性

信息的共享性主要是指信息作为一种资源，不同个体或群体在同一时间或不同时间均可共同享用这种资源。

4. 不灭性

信息从信息源发出后其自身的信息量并没有减少，即信息并不因为被使用而消失，它可以被大量复制，长期保存，重复使用。信息的提供者并不因为提供了信息而失去了原有的信息内容和信息量。各用户分享的信息份额也不因为分享人的多少而受影响。

### 5. 时效性

时效性是指信息应能反映事物最新的变化状态。例如，基于知识的信息产业是竞争最激烈、变化最急剧的产业，在这一领域内，哪怕对知识与信息的获取与利用只领先或落后几个星期、几天，甚至几个小时，都足以使一个企业成就辉煌或面临破产。

### 6. 能动性

信息的产生、存在和流通依赖于物质和能量，反过来，信息又能动地控制或支配物质和能量的流动，并对改变其价值产生影响。例如，信息社会的新型人才必须具备很强的信息获取、信息分析和信息加工能力，它不仅是信息社会经济发展对新型人才提出的基本要求，也是推动信息社会向前发展的基础。

### 7. 客观性

信息的客观性是指信息是客观存在的。信息的产生源于物质，信息产生后又必须依附于物质，因此信息包含于任何物质中。

## （三）信息的分类

按照不同的分类标准，信息可分为如下几种：

（1）信息按其内容分为社会信息和非社会信息。

（2）信息按其存在形式分为内储信息和外化信息。

（3）信息按其状态分为动态信息和静态信息。

（4）信息按符号种类分为语言信息和非语言信息。

（5）信息按信息论方法分为未知信息和冗余信息。

（6）信息按价值观念分为有害信息和无害信息。

## 二、信息技术

## （一）信息技术的概念

信息技术的概念，因其使用的目的、范围、层次不同而有不同的表述。

广义而言，信息技术是指能充分利用与扩展人类信息器官功能的各种方法、工具与技能的总和。该定义强调的是从哲学上阐述信息技术与人的本质关系。

中义而言，信息技术是指对信息进行采集、传输、存储、加工、表达的各种技术之和。该定义强调的是人们对信息技术功能与过程的一般理解。

狭义而言，信息技术是指利用计算机、网络、广播电视等各种硬件设备、软件工具与科学方法，对文、图、声、像等各种信息进行获取、加工、存储、传输与使用的技术之和。该定义强调的是信息技术的现代化与高科技含量。

综上，我们可以认为，信息技术包括两个方面。一方面是手段，即各种信息媒体，是一种物化形态的技术。例如印刷媒体、电子媒体、计算机网络等。另一方面是方法，即运用信息媒体对各种信息进行采集、加工、存储、交流、应用的方法，是一种智能形态的技术。信息技术就是由信息媒体和信息媒体应用的方法两个要素所组成的（见图1-2）。

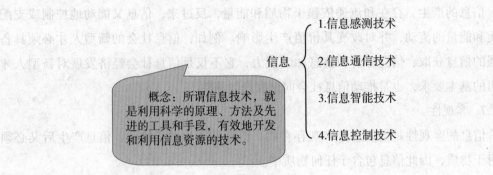

图1-2　信息技术

### （二）信息技术的分类

**1. 按表现形态分类**

信息技术按表现形态可分为硬技术（物化技术）与软技术（非物化技术）两种。前者指各种信息设备及其功能，如显微镜、电话机、通信卫星和多媒体电脑等。后者指有关信息获取与处理的各种知识、方法与技能，如语言文字技术、数据统计分析技术、规划决策技术和计算机软件技术等。

**2. 按工作流程中的基本环节分类**

信息技术按工作流程中的基本环节可分为信息获取技术、信息传递技术、信息存储技术、信息加工技术及信息标准化技术。

（1）信息获取技术包括信息的搜索、感知、接收、过滤等，如显微镜、望远镜、气象卫星、温度计、钟表、Internet搜索器中的技术等。

（2）信息传递技术是指跨越空间共享信息的技术。其具体又可分为不同类型，如单向传递与双向传递技术，单通道传递、多通道传递与广播传递技术等。

（3）信息存储技术是指跨越时间保存信息的技术，如印刷术、照相术、录音术、录像术、缩微术、磁盘术、光盘术等。

（4）信息加工技术是对信息进行描述、分类、排序、转换、浓缩、扩充和创新等的技术。信息加工技术的发展已有两次突破：从人脑信息加工到使用机械设备（如算盘、标尺等）进行信息加工，再发展为使用电子计算机与网络进行信息加工。

（5）信息标准化技术是指使信息的获取、传递、存储和加工等各环节有机衔接以及提高信息交换共享能力的技术，如信息管理标准、字符编码标准及语言文字的规范化等。

**3. 按使用的信息设备分类**

信息技术按使用的信息设备分为电话技术、电报技术、广播技术、电视技术、复印技术、缩微技术、卫星技术、计算机技术及网络技术等。

**4. 按技术的功能层次分类**

信息技术按技术的功能层次分为以下三种：

（1）主体层次。信息技术的主体层次是信息技术的核心部分，主要是指直接地、具体地增强或延长人类信息器官，提高或扩展人类信息能力的技术。例如显微镜、望远镜、X光机、雷达、激光、红外线、超声、气象卫星、行星探测器、温度计及湿度计等。目前，信息获取技术中起中坚作用的是传感技术、遥测技术和遥感技术等。

（2）应用层次。信息技术的应用层次是信息技术的延伸部分，主要是指主体层次的信息技术在工业、农业、商业贸易、国防、运输、科学研究、文化教育、体育运动、文学艺术及家庭生活等各个领域应用时所生成的各种具体的实用信息技术。

（3）外围层次。信息技术的外围层次是指与信息技术相关的各类技术。一方面，信息技术在性能水平方面的进步来源于新材料技术和新能源技术的进步，即基础层次的信息技术。另一方面，信息的获取、存储、处理及传输控制等需要借助机械的、电子的（或微电子的）、激光的及生物的等技术手段来实现，即支撑层次的信息技术。

**（三）信息技术的特点**

**1. 高速化**

计算机和通信的发展追求的均是高速度，大容量。例如，每秒能运算千万次的计算机已经进入普通家庭。在现代技术中，我们迫切需要解决的涉及高速化的问题是，抓住世界科技迅猛发展的机遇，重点在带宽"瓶颈"上取得突破，加快建设具有大容量、高速率、智能化及多媒体等基本特征的新一代高速带宽信息网络，发展深亚微米集成电路、高性能计算机等。

**2. 网络化**

信息网络分为电信网、广电网和计算机网。三网有各自的形成过程，其服务对象、发展模式和功能等有所交叉，又互为补充。信息网络的发展异常迅速，从局域网到广域网，再到国际互联网及有"信息高速公路"之称的高速信息传输网络，计算机网络在现代信息社会中扮演了重要的角色。

### 3. 数字化

数字化就是将信息用电磁介质或半导体存储器按二进制编码的方法加以处理和传输。在信息处理和传输领域，广泛采用的是只用"0"和"1"两个基本符号组成的二进制编码，二进制数字信号是现实世界中最容易被表达、物理状态最稳定的信号。

### 4. 个人化

信息技术将实现以个人为目标的通信方式，充分体现可移动性和全球性。实现个人通信需要全球性的、大规模的网络容量和智能化的网络功能。

### 5. 智能化

在面向 21 世纪的技术变革中，信息技术的发展方向之一将是智能化。智能化的应用体现在利用计算机模拟人的智能，例如机器人、医疗诊断专家系统及推理证明等方面。例如，智能化的 CAI 教学软件、自动考核与评价系统、视听教学媒体以及仿真实验等。

## （四）信息技术的功能

信息技术的功能是多方面的，从宏观上看，主要体现在以下几个方面：

### 1. 辅人功能

信息技术能够提高或增强人们的信息获取、存储、处理、传输与控制能力，使人们的素质、生产技能管理水平与决策能力等得到提高。

### 2. 开发功能

利用信息技术能够充分开发信息资源，它的应用不仅推动了社会大规模的生产，而且大大加快了信息的传递速度。

### 3. 协同功能

人们通过信息技术的应用，可以共享资源、协同工作。例如，电子商务、远程教育等。

### 4. 增效功能

信息技术的应用使得现代社会的效率和效益大大提高。例如，通过卫星照相、遥感遥测，人们可以更多更快地获得地理信息。

### 5. 先导功能

信息技术是现代文明的技术基础，是高技术群体发展的核心，也是信息化、信息社会、信息产业的关键技术，它推动了世界性的新技术革命。大力普及与应用新技术可实现对整个国民经济技术基础的改造，优先发展信息产业可带动各行各业的发展。

## （五）信息技术的影响

信息技术对人类社会的影响的主流是积极的，体现在以下几个方面：

（1）对经济的影响。信息技术有助于个人和社会更好地利用资源，使其充分发挥潜力，缩小国际社会中的信息与知识差距；有助于减少物质资源和能源的消耗；有助于提高劳动生产率，增加产品知识含量，降低生产成本，提高竞争力；提高国民经济宏观调控管理水平、经济运行质量和经济效益。

（2）对教育的影响。随着科学技术的飞速发展、素质教育的全面实施和教育信息化的快速推进，信息技术已逐渐成为服务于教育事业的一项重要技术。信息技术有助于教学手段的改革（如电化教学、远程教育等），能够打破时间、空间的限制，使教育向学习者全面开放并实现资源共享，大大提高了学习者的积极性、主动性和创造性。

（3）对管理的影响。信息技术有助于更新管理理念、改变管理组织，使管理结构由金字塔形变为矩阵形；有助于完善管理方法，以适应虚拟办公、电子商务等新的运作方式。例如，政府通过网络互联逐渐建立网络政府，开启了政府管理的全新时代，树立了各级政府的高效办公、透明管理的新时代形象，同时为广大人民群众提供了极大的便利。进入20世纪90年代后，美、日、欧盟等纷纷制定了自己的信息基础设施发展计划，即信息高速公路计划，并投入了巨额资金。新兴工业化国家和地区也不甘落后，投入大量资金发展网络技术和通信技术。

例如，新加坡政府决定投资12.5亿美元开发和兴建信息工程，以便把新加坡建成亚洲的"智能岛"。企业通过内外网络的建设，大力发展电子商务，充分利用政府管理及市场两方面的信息资源，将促进虚拟企业的成长，实现企业经营方式的革命性转变。

例如，新加坡政府决定投资12.5亿美元开发和兴建信息工程，以便把新加坡建成亚洲的"智能岛"。企业通过内外网络的建设，大力发展电子商务，充分利用政府管理及市场两方面的信息资源，将促进虚拟企业的成长，实现企业经营方式的革命性转变。

（4）对科研的影响。应用信息技术有助于科学研究前期工作的顺利开展；有助于提高科研工作效率；有助于科学研究成果的及时发表。

（5）对文化的影响。信息技术促进了不同国度、不同民族之间的文化交流与学习，使文化更加开放化和大众化。

（6）对生活的影响。信息技术给人们的生活带来了巨大的变化，电脑、因特网、信息高速公路、纳米技术等在生产生活中的广泛应用，使人类社会向着个性化、休闲化方向发展。在信息社会里，人们的行为方式、思维方式甚至社会形态都发生了显著的变化。例如，"虚拟社会"、"虚拟演播室"等诸多社会现象将给思想家、哲学家提出新的理论挑战，并将不断促进人类在思想方面产生新的见解和新的突破。

信息技术也带来了一些负面影响，主要体现在以下方面：

（1）信息泛滥。信息技术的发展导致信息爆炸，信息量的增加大大超出了人们的接受能力，有可能带来各种各样的社会问题。

（2）信息污染。随着信息流动量的增大，"信息污染"也成为人们关注的问题。例如，一些错误信息、冗余信息、污秽信息、计算机病毒等侵占了信息存储资源，影响了信息处理和传输的速度，污染了信息环境，尤其是计算机病毒造成信息利用的严重障碍。

（3）信息犯罪。近年来，出现了利用计算机和信息网络进行高科技信息犯罪的现象。例如，利用计算机网络进行经济诈骗，贩卖色情信息，散布谣言，窃取个人、企业、政府的机密等。

（4）信息渗透。信息化发展的渗透性表现为对国家或世界社会、政治、经济、文化、日常生活等各个层面的深刻影响或改变，这使得各民族文化的独特性和差异性也受到了挑战。

### 三、信息化与信息化社会

信息化涉及国民经济各个领域，它的意义不仅仅局限于技术革命和产业发展，信息化正逐步上升为推动世界经济和社会全面发展的关键因素，成为人类进步的新标志。

#### （一）信息化

信息化就是在人类社会各领域普遍地、大量地采用现代信息技术，从而大大提高社会生产力和生活质量的过程。信息化与工业化、现代化一样，是一个动态变化的过程。在这个过程中包含三个层面，六大要素。

所谓三个层面：一是信息技术的开发和应用过程，是信息化建设的基础；二是信息资源的开发和利用过程，是信息化建设的核心与关键；三是信息产品制造业不断发展的过程，是信息化建设的重要支撑。这三个层面是相互促进、共同发展的过程，也就是工业社会向信息社会演化的动态过程。

所谓六大要素是指信息网络、信息资源、信息技术、信息产业、信息法规环境与信息人才。

这三个层面、六大要素的相互作用过程就构成了信息化的全部内容。就是说，信息化是在经济和社会活动中，通过普遍采用信息技术和电子信息装备，更有效地开发和利用信息资源，推动经济发展和社会进步，使由于利用了信息资源而创造的劳动价值在国民生产总值中的比重逐步上升直至占主导地位的过程。

#### （二）信息化社会的主要特征

信息化社会具有如下几个基本特征：

（1）高渗透性。信息的渗透性决定了信息化发展的普遍服务原则，信息化发展的基本目标就是要让每个社会成员都有权利、有能力享用信息化发展的成果，从而彻底改变社会诸方面的生存状态。

（2）生存空间的网络化。这里的网络化不仅仅包括技术方面的具体网络之间的互通互联，而且强调基于这种物质载体之上的网络化社会、政治、经济和生活形态的网络化互动关系。美国政府于 1993 年 9 月提出"国家信息高速公路"（National Information Infrastructure，NII 计划），计划在 20 年内投资 4000 亿美元加速美国的信息化建设，就是生存空间网络化的最好例证。当今信息社会期望与正在实施的是将电信网、有线电视网和计算机网三网合一，并建成全光纤交换网。信息化发展的区域目标是要建设数字城市、数字国家和数字地球。

（3）信息劳动者、脑力劳动者的作用日益增大。信息化的发展大大加快了各主体之间的信息交流和知识传播的速度和效率。信息化水平提高必然表现为国家人口素质的普遍提高。从事信息的生产、存储、分配、交换活动的劳动者及从事相关种类工作的劳动者的人数和比重正在急剧增加。知识成了改革与制定政策的核心因素，技术是控制未来的关键力量，专家与技术人员将成为卓越的社会阶层而发挥重大的历史作用。

## 四、我国的信息化建设

我国的信息化（见图 1-3）是指在国家统一规划和组织下，在农业、工业、科学技术、国防及社会生活各个方面应用现代化信息技术，深入开发、广泛利用信息资源，加速实现国家现代化的进程。我国政府认识到发展信息基础设施的重要性，把对信息基础设施的建设提高到经济全局的战略地位。1984 年，邓小平同志就题词"开发信息资源，服务四化建设"。1990 年，江泽民同志进一步指出："四个现代化无一不和电子信息有紧密联系，要把信息化提到战略地位上来，要把信息化列为国民经济的重要方针。"

"七五"期间，国家投入大量资金，重点建成了经济、统计、银行、邮电、电力、铁路等多个国家级信息系统，配置了一大批计算机设备，形成了纵向信息网络。当前我国信息化建设取得的成绩体现在以下几个方面：

（1）信息产业高速发展，产业规模迅速扩大；

（2）信息基础设施已具有相当规模；

（3）电子信息产品制造业、软件业为信息化提供装备的能力增强；

（4）互联网迅速发展；

（5）信息化重大工程取得显著成效。

我国信息化建设的 24 字方针是：统筹规划，国家主导；统一标准，联合建设；互联互通，资源共享。

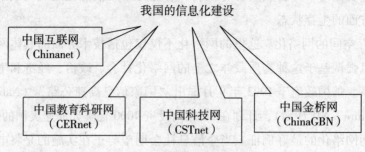

图 1－3　我国的信息化建设

## 实训巩固

1. 信息化社会的技术特征是_____。

A. 现代信息技术　　　　　B. 计算机技术

C. 通信技术　　　　　　　D. 网络技术

2. 下面关于信息的定义，不正确的是_____。

A. 信息是不确定性的减少或消除

B. 信息是控制系统进行调节活动时，与外界相互作用、相互交换的内容

C. 信息是事物运动的状态和状态变化的方式

D. 信息就是指消息、情报、资料、信号

3. 信息来源于社会又作用于社会，说明信息具有_____。

A. 社会性　　　　　　　　B. 传载性

C. 时间性　　　　　　　　D. 不灭性

4. 信息被存储和传输，说明了信息具有_____。

A. 社会性　　　　　　　　B. 传载性

C. 能动性　　　　　　　　D. 不灭性

5. 信息技术的根本目标是_____。

A. 获取信息　　　　　　　B. 利用信息

C. 生产信息　　　　　　　D. 提高或扩展人类的信息能力

6. 信息技术指的是_____。

A. 获取信息的技术　　　　B. 利用信息的技术

C. 生产信息的技术　　　　D. 能够提高或扩展人类信息能力的方法和手段的总称

7. 信息技术的发展经历了_____发展时期。

A. 2 个　　　　　　B. 3 个　　　　　　C. 4 个　　　　　　D. 5 个

8. 信息技术大致上可以归纳为_____相互区别又相互关联的层次。

A. 5 个　　　　　　B. 4 个　　　　　　C. 3 个　　　　　　D. 2 个

9. 信息获取技术属于信息技术的_____。

A. 主体层次　　　　B. 应用层次　　　　C. 外围层次　　　　D. 其他层次

10. 下列技术不属于信息获取技术的是_____。

A. 传感技术　　　　B. 遥测技术　　　　C. 遥感技术　　　　D. 机器人技术

11. 信息技术的主体层次，除了包括信息存储技术、信息处理技术、信息传输技术外，还包括_____。

A. 激光技术　　　　B. 微电子技术　　　C. 卫星通信技术　　D. 信息控制技术

12. 目前在信息处理技术中起中坚作用的是计算机技术和_____等。

A. 人工智能技术　　　　　　　　　　B. 多媒体技术

C. 计算机网络技术　　　　　　　　　D. 无线通信技术

13. 关于信息技术的功能的描述，不正确的是_____。

A. 信息技术的功能是指信息技术有利于自然界和人类社会发展的功用与效能

B. 从宏观上看，信息技术最直接、最基本的功能或作用主要体现在：辅人功能、开发功能、协同功能、增效功能和先导功能

C. 在信息社会中，信息技术的功能或作用是有限的，且固定不变

D. 信息技术的天职就是扩展人的信息器官功能，提高或增强人的信息获取、存储、处理、传输、控制能力

14. 信息技术对社会产生的积极影响是多方面的，我们可以归纳为_____个方面。

A. 6　　　　　　　B. 7　　　　　　　C. 8　　　　　　　D. 9

15. 信息技术对社会产生的负面影响是多方面的，我们可以归纳为_____个方面。

A. 3　　　　　　　B. 4　　　　　　　C. 5　　　　　　　D. 6

16. 下面关于信息化的描述，不正确的是_____。

A. 信息化是当代技术革命所引发的一种新的社会经济现象

B. 信息化仅仅是指信息处理电脑化，远程通信体的网络化

C. 物质生产日益依靠信息生产，且在生产和服务消耗构成中，信息所占比重上升

D. 经济运行和社会进步过程中，信息活动的导向作用加强

17. 信息化社会不仅包括社会的信息化，同时还包括_____。

A. 工厂自动化　　　B. 办公自动化　　　C. 家庭自动化　　　D. 上述三项

# 实训二 计算机系统基础知识

## ⊙ 实训目标

1. 能够叙述计算机的发展史，计算机的特点、应用和分类。
2. 理解计算机中的数据与编码。
3. 应知冯·诺依曼型计算机的硬件结构及其各部分的功能。
4. 能够说明微型计算机的硬件结构及其各部分的功能。包括：中央处理器、总线、内存储器、外存储器、输入设备、输出设备。

## ⊕ 实训基础知识

计算机是信息化的基础。计算机及其应用已渗透到社会的各个领域，有力地推动了社会信息化的发展。计算机技术的普及应用水平已经成为衡量一个国家和地区现代化水平的重要标志。

### 一、计算机的产生与发展

计算机（Computer）是一种能够接收和存储信息，并按照存储在其内部的程序（这些程序是人们意志的体现）对输入的信息进行加工、处理，得到人们所期望的结果，然后把处理结果输出的高度自动化的电子设备。

### （一）计算机的产生（见图1-4和图1-5）

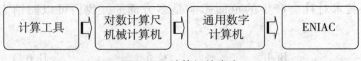

图1-4 计算机的产生

图1-5 第一台计算机 ENIAC

现代科学技术的发展及信息在社会中的重要地位，导致了计算工具的创新。1946年2月，世界上第一台电子数字计算机"埃尼阿克"（ENIAC）在美国宾夕法尼亚大学诞生，它与以前的计算工具相比，计算速度快，精度高，能按给定的程序自动进行计算。ENIAC共用了18000多只电子管，重量达30吨，占地170平方米，每小时耗电150千瓦，真可谓"庞然大物"。

这台耗电量为140千瓦的计算机，运算速度为每秒5000次加法，或者400次乘法，比机械式的继电器计算机快1000倍。当"埃尼阿克"公开展出时，一条炮弹的轨道用20秒就能算出来，比炮弹本身的飞行速度还快。它是按照十进制，而不是按照二进制来操作。

ENIAC与现代计算机相比：运算速度慢，每秒只能作五千次加法运算；不仅存储容量小，而且全部指令还没有存放在存储器中；操作复杂、稳定性差。尽管如此，ENIAC的诞生标志着科学技术的发展进入了新的时代——电子计算机时代。

（二）计算机的发展

随着材料科学等技术的发展，计算机也随之有了长足的进步，从世界上第一台计算机ENIAC至今计算机已经历了4个发展阶段，目前，随着科学技术的不断进步又出现了如生物计算机、量子计算机等一批智能化计算机（见表1-1）。

表1-1　　　　　　　　　　　　　计算机的发展阶段

| 年代 | 名称 | 元件 | 语言 | 应用 |
|---|---|---|---|---|
| 第一代<br>1946—1957年 | 电子管计算机 | 电子管 | 机器语言<br>汇编语言 | 科学计算 |
| 第二代<br>1958—1964年 | 晶体管计算机 | 晶体管 | 高级程序<br>设计语言 | 数据处理 |
| 第三代<br>1965—1970年 | 中小规模<br>集成电路计算机 | 中小规模<br>集成电路 | 高级程序<br>设计语言 | 广泛应用到<br>各个领域 |
| 第四代<br>1971年至今 | 大规模和超大规模<br>集成电路计算机 | 集成电路 | 面向对象的<br>高级语言 | 网络时代 |
| 第五代 | 未来计算机 | 光量子、DNA等 | | |

（1）第一代（1946—1957年）——电子管计算机。

这一代计算机的主要特征是：以电子管为基本电子器件；使用机器语言和汇编语言；应用领域主要局限于科学计算；运算速度只有几千次至几万次每秒。由于其体积大、功率大、价格昂贵且可靠性差，因此，很快被新一代计算机所替代。然而，第一代计算机奠定了计算机发展的科学基础。

（2）第二代（1958—1964 年）——晶体管计算机。

这一代计算机的主要特征是：晶体管取代了电子管；软件技术上出现了算法语言和操作系统；应用领域从科学计算扩展到数据处理；运算速度已达到几万次至几十万次每秒。此外，其体积缩小，功耗降低，可靠性有所提高。

（3）第三代（1965—1970 年）——中小规模集成电路计算机。

这一代计算机的主要特征是：普遍采用了集成电路，使体积、功耗均显著减少，可靠性大大提高；运算速度可达几十万次至几百万次每秒；在此期间，出现了向大型和小型化两级发展的趋势，计算机品种多样化和系列化；同时，软件技术与计算机外围设备发展迅速，应用领域不断扩大。

（4）第四代（1971 年至今）——大规模和超大规模集成电路计算机。

这一代计算机的主要特征是：中、大及超大规模集成电路（VLSI）成为计算机的主要器件；运算速度已达几万亿次至十几万亿次每秒。大规模和超大规模集成电路技术的发展，进一步缩小了计算机的体积和功耗，增强了计算机的功能；多机并行处理与网络化是第四代计算机的又一重要特征，大规模并行处理系统、分布式系统、计算机网络的研究和实施进展迅速；系统软件的发展不仅实现了计算机运行的自动化，而且正在向工程化和智能化迈进。

此外，智能化计算机也可以称为第五代计算机，其目标是使计算机像人类那样具有听、说、写、逻辑推理、判断和自我学习等能力。

（三）我国计算机的发展状况

我国电子计算机的研究是从 1953 年开始的。1958 年研制出第一台计算机，即 103 型通用数字电子计算机，它属于第一代电子管计算机；1964 年研制出第一台晶体管计算机；1971 年研制出集成电路计算机；1983 年研制成功每秒能进行 1 亿次运算的"银河Ⅰ"巨型机；1997 年研制的"银河Ⅲ"巨型机每秒能进行 130 亿次运算。现在，我国已形成了自己的计算机工业体系，并具备相当的计算机硬件、软件和外部设备的生产能力。

（四）计算机的发展趋势

随着大规模集成电路的迅速发展，各种类型的计算机也都得到了迅速发展。当前，计算机主要朝着以下几个方向发展：

1. 微型化

微型化是指追求体积的进一步缩小，运算速度的进一步提高，存储容量不断加大，功能更加完善可靠，应用更加灵活方便，价格更加便宜。微型化反映了计算机的应用程度。

2. 巨型化

巨型化所追求的大容量、高速度，为尖端科学领域的数值分析与计算提供了有力的帮助，例如火箭、导弹、人造卫星、宇宙飞船的研制及气象预报的数值分析与计算等。巨型计算机目前的计算速度可达几万亿次至十几万亿次浮点每秒，它代表了计算机的发展水平。并行处理技术是巨型计算机发展的基础。

3. 网络化

21 世纪人类将步入信息时代，从简单的远程终端联机到遍布全球的 Internet，信息的共享和通信已成为计算机应用的主流之一。

4. 智能化

智能化是指利用新技术、新材料研制的计算机与仿生学、控制论等边缘学科相结合，把信息采集、存储、处理、通信同人工智能结合在一起，用计算机来模拟人类的高级思维活动。目前已有许多机器人在高温、高压、有毒及辐射等环境下代替人工作。在这一领域最具代表性的是专家系统和机器人。智能化计算机将使人类社会进入一个崭新的时期。

5. 多媒体技术

多媒体计算机是当前开发和研究的热点。多媒体技术能将大量信息以数值、文字、声音、图形、图像及视频等形式进行表现，极大地改善、丰富了人机界面，能够充分运用人的听觉、视觉来高效率地接收信息。其中主要的技术关键是处理视频和音频数据，包括视频和音频数据的压缩、解压缩技术，多媒体数据的通信及各种接口的实现方案等。

6. 非冯·诺依曼体系结构的计算机

非冯·诺依曼体系结构是提高现代计算机性能的另一个研究焦点。冯·诺依曼体系结构虽然为计算机的发展奠定了基础，但是它的"集中顺序控制方面"的串行机制，却成为进一步提高计算机性能的瓶颈，而提高计算机性能的方向之一是并行处理。因此，出现了非冯·诺依曼体系结构的计算机理论，例如神经网络计算机、DNA 计算机、光子计算机等。

## 二、计算机的特点及分类

### （一）计算机的特点

#### 1. 运算速度快

现在的 PC 机（Personal Computer）每秒可以处理几千万条指令；巨型计算机的运算速度则达十几万亿次每秒以上，这使得过去烦琐的计算工作如今只需在极短的时间内就能完成。

2. 计算精度高

计算机采用二进制进行运算，只要配置相关的硬件电路就可增加二进制数字的长度，从而提高计算精度。目前，微型计算机的计算精度可以达到 32 位二进制数。

3. 具有"记忆"和逻辑判断功能

"记忆"功能是指计算机能存储大量信息，供用户随时检索和查询。该功能既能记忆各类数据信息，又能记忆处理加工这些数据信息的程序。逻辑判断功能是指计算机除了能进行算术运算外，还能进行逻辑运算。

4. 能自动运行且支持人机交互

所谓自动运行，就是人们把需要计算机处理的问题编成程序并存入计算机中，当发出运行指令后，计算机便在该程序控制下依次逐条执行，不再需要人工干预。"人机交互"则是在人们想要干预计算机时，采用问答的形式，有针对性地解决问题。

## （二）计算机的分类

随着计算机的发展，其分类方法也在不断变化。

1. 按计算机处理的信号分类

计算机按处理的信号可分为：

（1）数字式计算机（Digital Computer）。数字式计算机处理的是脉冲变化的离散量，即以 0、1 组成的二进制数字。它的计算精度高，抗干扰能力强。通常我们使用的计算机就是数字式计算机。

（2）模拟式计算机（Analog Computer）。模拟式计算机处理的是连续变化的模拟量，例如电压、电流、温度等物理量的变化曲线。其基本运算部件是运算放大器构成的各类运算电路。模拟式计算机解题速度快、精度低、通用性差，用于过程控制，已基本被数字式计算机所取代。

（3）数模混合计算机（Hybrid Computer）。数模混合计算机是数字式计算机和模拟式计算机相结合的一种计算机。

2. 按计算机的硬件组成及用途分类

计算机按硬件组成及用途可分为：

（1）通用计算机。这类计算机的硬件系统是标准的，并具有扩展性，装上不同的软件就可做不同的工作。它的通用性强，应用范围广。

（2）专用计算机。这类计算机软、硬件的规模全部根据应用系统的要求配置，因此具有较好的性能价格比，但只能完成某个专门任务。这类计算机多用于工业控制系统。

3. 按计算机的规模分类

当前沿用较多的是"电气与电子工程师协会"（IEEE）于1989年提出的分类方法。其具体分类如下：

（1）个人计算机（Personal Computer，PC）。PC机即面向个人或家庭使用的低档微型计算机，主要分为台式机和便携机两类。

（2）工作站（Work Station，WS）。工作站是介于PC机和小型机之间的高档微机。它的运算速度快，主存储器容量大，易于联网，通常配有高分辨率的大屏幕显示器，具有较强的数据处理能力和高性能的图形功能，特别适合于CAD/CAM和办公自动化。

（3）小型计算机（Minicomputer）。小型计算机按照满足中、小型部门的需要设计，规模较小，结构简单，成本较低，设计周期较短，操作简便，维护容易，从而得以广泛推广应用，可用于工业控制、数据采集、分析计算等。

（4）主机（Mainframe）。主机亦称大型主机，通常安装在机架内。它具有大容量存储器，多种类型的I/O通道，能同时支持批处理和分时处理等多种工作方式；具有通用、处理速度快和处理能力强的特点。主机一般作为大型"客户机/服务器"系统的服务器，或者"终端/主机"系统中的主机。

（5）小巨型计算机（Minisupercomputer）。小巨型计算机与巨型计算机相比，特点是价格便宜，具有更好的性能价格比。

（6）巨型计算机（Supercomputer）。巨型计算机亦称超级计算机，运算速度可达十几万亿次每秒以上，主存容量很大，处理能力很强。生产这类计算机的能力可以反映一个国家的计算机科学水平。我国是世界上能够生产巨型计算机的少数国家之一。

## （三）计算机的应用

随着计算机的飞速发展，信息社会对计算机的需求迅速增长，使得计算机的应用范围越来越广。计算机在各个领域的应用主要体现在以下几个方面。

### 1. 科学计算

科学计算也称为数值计算，指用于完成科学研究和工程技术中提出的数学问题的计算，是计算机应用最早也是最成熟的应用领域。在数学、物理、化学、天文、地理等自然科学领域以及航天、汽车、造船、建筑等工程技术领域中，各种复杂的计算都是借助计算机来完成的。

### 2. 数据处理

数据处理指的是对信息进行采集、查询、分类、排序、统计、存储及传送等工作。这已成为信息社会中必不可少的重要工作。目前，数据处理已广泛应用于办公自动化、企事业单位管理（如财务、计划、物资与人事的管理）、图像信息系统、图书情报检索等领域。据统计，现在世界上约 80% 的计算机用于数据处理工作。

### 3. 过程控制

将计算机用来控制各种自动装置、自动仪表、生产过程等都称为过程控制或实时控制。例如，工业生产自动化方面的巡回检测、自动记录、监视报警、自动调控等内容；交通运输方面的行车调度；农业方面的自动温度与湿度控制；家用电器中的某些自动功能等，都是计算机在该方面的应用。

### 4. 计算机辅助工程

当前用计算机进行辅助工作的系统越来越多，列举如下：

（1）计算机辅助设计 CAD（Computer Aided Design），即利用计算机辅助人们进行工作，以便达到提高设计质量、缩短设计周期、使设计实现自动化的目的。目前，建筑、机械、服装、电子等行业都广泛采用了 CAD 技术。

（2）计算机辅助制造 CAM（Computer Aided Manufacturing），即直接利用计算机控制零部件的生产。

（3）计算机辅助教学 CAI（Computer Assisted Instruction），即利用计算机辅助进行教学，把各种教学手段综合化、形象化、现代化。如辅导学生学习、解答问题、批改作业及编制考题等。

（4）计算机辅助工程 CAE（Computer Aided Engineering）。

（5）计算机辅助测试 CAT（Computer Aided Testing）。

### 5. 人工智能

人工智能（Artificial Intelligence，AI）是将人脑在进行演绎推理时的思维过程、规则和所采取的策略、技巧等编成计算机程序，并在计算机中存储一些公理和推理规则，然后让机器去自动探索解题的方法，用计算机实现某些与人的智能活动有关的复杂功能。这是计算机应用的一个较新的领域，其目前的研究方向有：模式识别、自然语言理解、自动定理证明、自动程序设计、知识表示、机器学习、专家系统及机器人等。

### 6. 网络应用

计算机网络就是利用通信设备和线路将地域不同的计算机系统互连起来，并在网络软件支持下实现资源共享和传递信息的系统。根据计算机之间距离的远近、覆盖范围的多少，可将计算机网络分为局域网（Local Area Network，LAN）和广域网（Wide Area Network，WAN）两种。利用网络可以进行网上浏览，检索信息，下载软件，收发电子邮件（E-mail）、传真（FAX），传送文件（FTP），发布公告（BBS），参加网上会议（Net meeting），阅读电子报纸，小说，观看体育比赛，收听音乐，参与游戏，参加各种论坛及开展电子商务（E-Business）等，也可以充分享受网上资源，丰富个人生活。

## 三、信息的表示与编码

计算机能够处理的信息除了数字信息外，还能识别和处理非数字信息，如字母、文字等。由于计算机内部只能使用二进制数，因此为表示这些数据，必须使用二进制编码形式。本节介绍信息的不同编码及其表示方法。

### （一）计算机中的数

计算机内部为什么要用二进制表示信息呢？原因有四点：

1. 电路简单

计算机是由逻辑电路组成的，逻辑电路通常只有两个状态。例如，电流的"通"和"断"，电压电平的"高"和"低"等。这两种状态正好表示成二进数的两个数码 0 和 1。

2. 工作可靠

两个状态代表的两个数码在数字传输和处理中不容易出错，因此电路更加可靠。

3. 简化运算

二进制运算法则简单。

4. 逻辑性强

计算机的工作是建立在逻辑运算基础上的，二进制只有两个数码，正好代表逻辑代数中的"真"和"假"。

因此，数字式电子计算机内部处理数字、字符、声音及图像等信息时，是与以 0 和 1 组成的二进制数的某种编码形式相对应的。

（1）数制的有关概念。数制是人们利用符号来记数的科学方法。数制可以有很多种，但在计算机的设计和使用中，通常引入二进制、十进制、八进制和十六进制。

下面介绍进位计数制的有关概念（参照日常生活中广泛使用的十进制数）：

①0~9 这些数字符号称为数码。

②数制中所使用的数码的个数称为基数，如十进制数的基数是 10。

③数制每一位所具有的值称为权，如十进制各位的权是以 10 为底的幂。例如，680 326 这个数，从右到左各位的权为个、十、百、千、万、十万，即以 10 为底的 0 次幂、1 次幂、2 次幂等。为了简便，也可以顺次称其各位为 0 权位、1 权位、2 权位等。

④用"逢基数进位"的原则进行计数，称为进位计数制。如十进制数的基数是 10，所以其计数原则是"逢十进一"。

⑤位权与基数的关系是：位权的值等于基数的若干次幂。

例如，十进制数 4567.123 可以展开成下面的多项式：

$$4567.123 = 4 \times 10^3 + 5 \times 10^2 + 6 \times 10^1 + 7 \times 10^0 + 1 \times 10^{-1} + 2 \times 10^{-2} + 3 \times 10^{-3}$$

式中：$10^3$、$10^2$、$10^1$、$10^0$、$10^{-1}$、$10^{-2}$、$10^{-3}$ 为该位的位权，每一位上的数码与该位权的乘积，就是该位的数值。

⑥任何一种数制表示的数都可以写成按位权展开的多项式之和，其一般形式为：

$$N = d_{n-1}b^{n-1} + d_{n-2}b^{n-2} + d_{n-3}b^{n-3} + \cdots + d_1b^1 + d_0b^0 + d_{-1}b^{-1} + \cdots + d_{-m}b^{-m}$$

式中：

$n$——整数部分的总位数；

$m$——小数部分的总位数；

$d$ 下标——该位的数码；

$b$——基数。如二进制数 $b = 2$，十进制数 $b = 10$，十六进制数 $b = 16$ 等；

$b$ 上标——位权。

表 1－2　　　　　　　　　　　　常用的数制比较

| 进　制 | 数　码 | 基数 | 位　权 | 计数规则 |
|---|---|---|---|---|
| 二进制 | 01 | 2 | $2^i$ | 逢二进一 |
| 八进制 | 01234567 | 8 | $8^i$ | 逢八进一 |
| 十进制 | 0123456789 | 10 | $10^i$ | 逢十进一 |
| 十六进制 | 0123456789ABCDEF | 16 | $16^i$ | 逢十六进一 |

表 1－3　　　　　　　　　　　　常用数制对应关系

| 十进制数 | 二进制数 | 八进制数 | 十六进制数 |
|---|---|---|---|
| 0 | 0000 | 0 | 0 |
| 1 | 0001 | 1 | 1 |
| 2 | 0010 | 2 | 2 |
| 3 | 0011 | 3 | 3 |
| 4 | 0100 | 4 | 4 |
| 5 | 0101 | 5 | 5 |
| 6 | 0110 | 6 | 6 |
| 7 | 0111 | 7 | 7 |
| 8 | 1000 | 10 | 8 |
| 9 | 1001 | 11 | 9 |
| 10 | 1010 | 12 | A |
| 11 | 1011 | 13 | B |

续 表

| 十进制数 | 二进制数 | 八进制数 | 十六进制数 |
|---|---|---|---|
| 12 | 1100 | 14 | C |
| 13 | 1101 | 15 | D |
| 14 | 1110 | 16 | E |
| 15 | 1111 | 17 | F |

（2）常用计数制的书写规则。在应用不同进制的数时，常采用以下两种方法进行标识。

①采用字母后缀：

B（Binary）——表示二进制数。二进制数 101 可写成 101B。

O（Octonary）——表示八进制数。八进制数 101 可写成 101O。

D（Decimal）——表示十进制数。十进制数 101 可写成 101D；一般情况下，十进制数后的 D 可以省略，即无后缀的数字默认为十进制数。

H（Hexadecimal）——表示十六进制数。十六进制数 101 可写成 101H。

②采用括号外面加下标。例如：

$(1011)_2$——表示二进制数 1011。

$(1617)_8$——表示八进制数 1617。

$(9981)_{10}$——表示十进制数 9981。

$(A9E6)_{16}$——表示十六进制数 A9E6。

（3）不同进制数之间的转换。

①r 进制数与十进制数之间的转换。

a. 将 r 进制数转换为十进制数。r 进制数转换为十进制数使用"位权展开式求和"的方法。

例如，将二进制数 1101.011 转换为十进制数：

1101.011B

$= 1 \times 2^2 + 0 \times 2^1 + 1 \times 2^0 + 0 \times 2^{-1} + 1 \times 2^{-2} + 1 \times 2^{-3} = 13.375D$

b. 将十进制数转换为 r 进制数。十进制数转换为 r 进制数的方法如下：

整数部分除以 r 取余，直到商为 0，然后余数从右向左排列（即先得到的余数为低位，后得到的余数为高位）；小数部分乘以 r 取整，然后所得的整数从左向右排列（即先得到的整数为高位，后得到的整数为低位），并取有效精度。例如，将十进制数 13.25 转换为二进制数。

先将整数部分 13 转换为二进制数：

— 21 —

$$
\begin{array}{r}
2\ \underline{\phantom{0}13} \qquad \cdots\cdots\cdots \quad \text{余 数 为 } 1, \text{ 即 } a_0 = 1 \\
2\ \underline{\phantom{0}6} \qquad \cdots\cdots\cdots \quad \text{余 数 为 } 0, \text{ 即 } a_1 = 0 \\
2\ \underline{\phantom{0}3} \qquad \cdots\cdots\cdots \quad \text{余 数 为 } 1, \text{ 即 } a_2 = 1 \\
2\ \underline{\phantom{0}1} \qquad \cdots\cdots\cdots \quad \text{余 数 为 } 1, \text{ 即 } a_3 = 1 \\
0
\end{array}
$$

再将小数部分 0.25 转换为二进制数：

$$
\begin{array}{r}
0.25 \\
\times)\ \underline{\qquad 2} \\
0.50 \qquad \text{整数为 } 0, \text{ 即 } a{-}1 = 0 \\
0.50 \\
\times)\ \underline{\qquad 2} \\
1.00 \qquad \text{整数为 } 1, \text{ 即 } a{-}2 = 1
\end{array}
$$

最后转换结果：13.25D = 1101.01B。

②二进制、八进制、十六进制之间的转换。

因为 $8 = 2^3$，$16 = 2^4$，所以八进制数相当于三位二进制数，十六进制数相当于四位二进制数。

a. 二进制数转换为八进制数或十六进制数。

方法：以小数点为界向左和向右划分，小数点左边（整数部分）每三位或每四位一组构成一位八进制数或十六进制数，位数不足三位或四位时最左边补"0"；小数点右边（小数部分）每三位或每四位一组构成一位八进制数或十六进制数，位数不足三位或四位时最右边补"0"。

例如，将二进制数 10111011.0110001011 转换为八进制数：

010　111　011.011　000　101　100
↓　　↓　　↓　　↓　　↓　　↓　　↓
2　　7　　3 . 3　　0　　5　　4

10111011.0110001011B = 273.3054O

b. 八进制数或十六进制数转换为二进制数。

方法：只需把一位八进制数用三个二进制数表示，把一位十六进制数用四个二进制数表示。

例如，将八进制数 135.361 转换为二进制数：

```
 1      3      5      3      6      1
 ↓      ↓      ↓      ↓      ↓      ↓
001    011    101  . 011    110    001
```

135.361O= 001011101.011110001B
　　　　= 1011101.011110001B

（4）进制数在计算机中的表示。

数以正负号数码化的方式存储在计算机中，称为机器数。机器数通常以二进制数码0、1的形式保存在有记忆功能的电子器件——触发器中。每个触发器记忆一位二进制代码，所以 n 位二进制数将占用 n 个触发器，将这些触发器排列组合在一起，就成为寄存器。一台计算机的"字长"取决于寄存器的位数。目前常用的寄存器有 8 位、16 位、32 位及 64 位等。

要全面完整地表示一个机器数，应考虑三个因素：机器数的范围、机器数的符号和机器数中小数点的位置。

①机器数的范围。机器数的范围由硬件决定。当使用 16 位寄存器时，字长 16 位，所以一个无符号整数的最大值是：1111111111111111B =（$2^{16} - 1$）D = 65535D。

②机器数的符号。二进制数与我们通常使用的十进数一样也有正负之分，为了在计算机中正确表示有符号数，通常规定寄存器中最高位为符号位，并用 0 表示正，用 1 表示负。在一个 8 位字长的计算机中，正数和负数的格式分别如图 1 – 6 和图 1 – 7 所示。

图 1 – 6　正数

图 1 – 7　负数

## （二）计算机常用编码

### 1. 十进制数的二进制编码

计算机中使用的是二进制数，人们习惯的是十进制数。因此，输入到计算机中去的十进制数，需要转换成二进制数；数据输出时，又需将二进制数转换成十进制数。这个转换工作，是通过标准子程序实现的。两种进制数间的转换依据是数的编码。

用二进制数码来表示十进制数，称为"二—十进制编码"，简称 BCD（Binary - Coded Decimal）码。

因为十进制数有 0 ~ 9 这 10 个数码，显然需要 4 位二进制数码以不同的状态分别表示它们，而 4 位二进制数码可编码组合成 16 种不同的状态。因此，选择其中的 10 种状态作为 BCD 码的方案有许多种，这里只介绍常用的 8421 码，如表 1 - 4 所示。

表 1 - 4　　　　　　　　　　　　8421 编码表

| 十进制数 | 8421 编码 | 十进制数 | 8421 编码 |
|---|---|---|---|
| 0 | 0000 | 8 | 1000 |
| 1 | 0001 | 9 | 1001 |
| 2 | 0010 | 10 | 0001 0000 |
| 3 | 0011 | 11 | 0001 0001 |
| 4 | 0100 | 12 | 0001 0010 |
| 5 | 0101 | 13 | 0001 0011 |
| 6 | 0110 | 14 | 0001 0100 |
| 7 | 0111 | 15 | 0001 0101 |

从表 1 - 4 中可以看到，这种编码是有权码。若按权求和，和数就等于该代码所对应的十进制数。例如，0110 = 22 + 21 = 6。这就是说，编码中的每位仍然保留着一般二进制数所具有的位权，而且 4 位代码从左到右的位权依次是 8、4、2、1。8421 码就是因此而命名的。例如十进制数 63，用 8421 码表示为 01100011。

2. 字符编码

字符是计算机中使用最多的信息形式之一，也是人与计算机通信的重要媒介。因此在计算机内部，要为每个字符指定由一串二进制位"0"和"1"组合而成的编码，作为识别与使用这些字符的依据。

国际上使用的字符信息表示系统有很多种，现在国际上广泛采用美国标准信息交换码（American Standard Code for Information Interchange），简称 ASCII 码。它选用了常用的 128 个符号，其中包括 32 个控制字符、10 个十进制数码、52 个英文大写和小写字母及 34 个专用符号。

128 个字符分别由 128 个二进制数码串表示。目前广泛采用键盘输入方式实现人与计算机间的通信。当键盘提供输入字符时，编码电路给出与字符相应的二进制数码串，然后送交计算机处理。计算机输出处理结果时，则把二进制数码串按同一标准转换成字符。

ASCII 码由 7 位二进制数对它们进行编码，即用 0000000 ~ 1111111 共 128 种不同的数码串分别表示 128 个字符（如表 1 - 5 所示）。因为计算机的基本存储单位是字节（byte），一个字节含 8 个二进制位（bit），所以 ASCII 码的机内码要在最高位补一个"0"，以便用一个字节表示一个字符。

例如，分别用二进制数和十六进制数写出"good!"的 ASCII 码。

二进制数表示：

01100111B　01101111B　01101111B　01100100B　00100001B

十六进制数表示：67H　6FH　6FH　64H　21H

表 1 - 5　　　　　　　　　　　　　　　ASCII 码

| $b_7 b_6 b_5$ / $b_4 b_3 b_2 b_1$ | 000 | 001 | 010 | 011 | 100 | 101 | 110 | 111 |
|---|---|---|---|---|---|---|---|---|
| 0000 | 空白（NUL） | 转义（DLE） |  | 0 | @ | P | 、 | P |
| 0001 | 序始（SOH） | 机控 1（DC1） | P | 1 | A | Q | d | q |
| 0010 | 文始（STX） | 机控 2（DC2） | ! | 2 | B | R | b | r |
| 0011 | 文终（EXT） | 机控 3（DC3） | ″ | 3 | C | S | c | s |
| 0100 | 送毕（EOT） | 机控 4（DC4） | # | 4 | D | T | d | t |
| 0101 | 询问（ENQ） | 否认（NAK） | $ | 5 | E | U | e | u |
| 0110 | 承认（ACK） | 同步（SYN） | % | 6 | F | V | f | v |
| 0111 | 告警（BEL） | 阻终（ETB） | & | 7 | G | W | g | w |
| 1000 | 退格（BS） | 作废（CAN） | ' | 8 | H | X | h | x |
| 1001 | 横表（HT） | 载终（EM） | ( | 9 | I | Y | i | y |
| 1010 | 换行（LF） | 取代（SUB） | ) | : | J | Z | j | z |
| 1011 | 纵表（VT） | 扩展（ESC） | * | ; | K | [ | k | { |
| 1100 | 换页（FF） | 卷隙（FS） | + | < | L | \ | l | \| |
| 1101 | 回车（CR） | 群隙（GS） | , | = | M | ] | m | } |
| 1110 | 移出（SO） | 录隙（RS） | - | > | N | ∧ | n | ~ |
| 1111 | 移入（SI） | 元隙（US） | . | ? | O | - | o | D |
|  |  |  | / |  |  |  |  | EL |

3. 汉字编码

计算机处理汉字信息的前提条件是对每个汉字进行编码，称汉字编码。归纳起来可分为以下四类：汉字输入码、汉字交换码、汉字内码和汉字字形码。

四种编码之间的逻辑关系如图 1 - 8 所示，即通过汉字输入码将汉字信息输入到计算机内部，再用汉字交换码和汉字内码对汉字信息进行加工、转换、处理，最后使用汉字字形码将汉字从显示器上显示出来或用打印机打印出来。

图 1 - 8　四种汉字编码之间的逻辑关系

## 四、计算机系统的组成

### (一) 冯·诺依曼原理

一台完整的计算机应包括硬件部分和软件部分。硬件的功能是接受计算机程序，并在程序控制下完成数据输入、数据处理和数据输出等任务。软件可保证硬件的功能得以充分发挥，并为用户提供良好的工作环境。

1946 年，美籍匈牙利科学家冯·诺依曼 (Von Neumann) 提出了一个"存储程序"的计算机方案。这个方案包含了三个要点：

(1) 采用二进制的形式表示数据和指令。

(2) 将指令和数据存放在存储器中。

(3) 由控制器、运算器、存储器、输入设备和输出设备五大部分组成计算机。

该方案工作原理的核心是"程序存储"和"程序控制"，把按照这一原理设计的计算机称为冯·诺依曼型计算机。冯·诺依曼型计算机系统由硬件系统和软件系统两大部分组成，如图 1 - 9 所示。

### (二) 计算机的硬件系统

计算机硬件系统是指由电子部件和机电装置组成的计算机实体，如用集成电路芯片、印刷线路板、接插件、电子元件和导线等装配成中央处理器、存储器及外部设备等。

计算机的规模不同，机种和型号不同，则它们在硬件配置上的差别就很大。但是，绝大多数都是根据冯·诺依曼计算机体系结构的思想来设计的，故具有共同的基本配

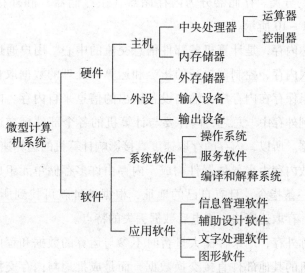

图1-9　微型计算机系统组成

置：控制器、运算器、存储器、输入设备和输出设备五大部件。运算器和控制器合称为中央处理单元，即 CPU（Central Processing Unit），它是计算机的核心。

1. 控制器

控制器是计算机的指挥中心，它使计算机各部件自动协调地工作。控制器每次从存储器中读取一条指令，对读取的指令经过分析译码后产生一串操作命令，将其发向各个部件以控制各部件动作，从而使整个机器连续地、有条不紊地运行。控制器一般是由程序计数器 PC（Program Counter）、指令寄存器 IR（Instruction Register）、指令译码器 ID（Instruction Dcoder）和操作控制器 OC（Operation Controler）等组成。

程序计数器 PC 用来存放下一条指令的地址，具有自动加 1 的功能。指令寄存器 IR 用来存放当前要执行的指令代码。指令译码器 ID 用来识别 IR 中存放的要执行指令的性质。操作控制器 OC 根据指令译码器 ID 对要执行的指令进行译码，产生实现该指令的全部动作的控制信号。

2. 运算器

运算器是一个用于信息加工的部件。它对数据编码进行算术运算和逻辑运算。算术运算是按照算术规则进行的运算。逻辑运算一般泛指非算术性运算，例如比较、移位、逻辑加、逻辑乘、逻辑取反及"异或"操作等。运算器通常由运算逻辑部件（ALU）和一系列寄存器组成。

3. 存储器

存储器的主要功能是存放程序和数据。不管是程序还是数据，在存储器中都是用二进制的形式表示的，它们统称为信息。

（1）存储器的分类。存储器分为内存储器（主存储器）和外存储器（辅助存储器）两类，如图1-10所示。

内存储器简称内存，是计算机各部件信息交流的中心。用户通过输入设备输入的程序和数据先送入内存，控制器执行的指令和运算器处理的数据取自内存，运算的中间结果和最终结果保存在内存中，输出设备输出的信息来自内存。内存中的信息如要长期保存，应送到外存中。总之，内存要与计算机的各个部件打交道，用来存放现行程序的指令和数据。所以，内存的存取速度直接影响计算机的运算速度。

目前，大多数内存由半导体器件构成。内存由许多存储单元组成，每个存储单元存放一个数据或一条指令，且有自己的地址，根据地址就可找到所需的数据和程序。内存具有容量小、存取速度快、停电后数据丢失的特点。

外存储器简称外存，用来存储大量暂时不参与运算的数据和程序及运算结果。通常外存不和计算机的其他部件直接交换数据，而是成批地与内存交换信息。外存储器具有容量大、存取速度慢、停电后数据不丢失的特点。常见的外存设备有软盘、硬盘、闪盘、光盘和磁带等。

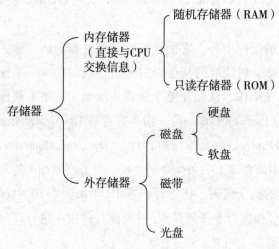

图1-10　存储器的分类

（2）与存储器有关的术语。

地址：整个内存被分成若干存储单元，每个存储单元都可以存放程序或数据。用于标识每个存储单元的唯一的编号称为地址。

位：一个二进制数（0或1）称为位（bit，比特），是数据的最小单位。

字节：每8个相邻的二进制位称为一个字节。为了衡量存储器的容量，统一以字节（Byte，简写为B）为基本单位。存储器的容量一般使用 KB、MB、GM、TB 表示，它们之间的关系是1KB = 1024 B，1MB = 1024 KB，1GB = 1024 MB，1TB = 1024 GB，其

中 $1024 = 2^{10}$。

字和字长：在计算机中，作为一个整体被存取或运算的最小信息单位称为字或单元；每个字中存放的二进制数的长度称为字长。计算机字长一般是指参加运算的寄存器所能表示的二进制数的位数。计算机的功能设计决定了机器的字长。机器字长可以是 8 位、16 位、32 位、64 位等，显然，机器字长包括一个或多个字节。

4. 输入设备

输入设备用来接受用户输入的原始数据和程序，并将它们变换为计算机能识别的形式而存放到内存中。常用的输入设备有键盘、鼠标、扫描仪、触摸屏等。输入设备与主机之间通过接口连接。

5. 输出设备

输出设备用于将存放在内存中由计算机处理的结果转变为人们所能接受的形式。常用的输出设备有显示器、打印机、绘图仪和音响等。外存储器是计算机中重要的外部设备，它即可以作为输入设备，也可以作为输出设备。

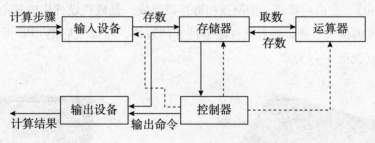

**图 1 – 11　冯·诺依曼结构框架**

总之，计算机硬件系统是运行程序的基本组成部分，人们通过输入设备将程序和数据存入存储器；运行时，控制器从存储器中逐条取出指令，将其解释成控制命令，去控制各部件的动作；数据在运算器中加工处理，处理后的结果通过输出设备输出。

## 五、微型计算机的硬件系统

微型计算机的硬件系统根据冯·诺依曼体系结构配置，由运算器、控制器、存储器、输入设备和输出设备组成。

微型计算机的硬件系统一般由安装在主机箱内的 CPU、主板、内存、显示卡、硬盘、软驱、电源以及显示器、键盘、鼠标等组成，如图 1 – 12 所示。

### （一）中央处理器（CPU）

CPU 的功能

图1-12 微型计算机的硬件组成

CPU 是由大规模和超大规模集成电路组成的模块，又被称为微处理器 MPU（Micro - processing Unit）。它由运算器、控制器和寄存器组成，是微机硬件中的核心部件。CPU 处理数据速度的快慢直接影响着整台电脑性能的发挥，所以人们把 CPU 形象地比喻为电脑的心脏（见图1-13）。

AMD公司K7                Intel公司P4

图1-13 CPU 芯片

计算机之所以能够在短短二十几年中在全世界迅速普及，主要原因是它功能的强大、操作的简便化和价格的直线下降，而计算机功能的每一次翻天覆地的变化都是缘于 CPU 功能的大幅度改进。我们常说的286、386、486、586以及今天的 Pentium4 都是指 CPU 的型号。20世纪90年代以前，CPU 的主要生产厂商 Intel 公司用"80x86"系列作为自己生产的 CPU 名称，例如，486就是80486的简称。

由于其他 CPU 厂家的 CPU 型号也是用486、586来表示的，这就使很多人误以为凡是标明为486、586的 CPU 都是 Intel 公司的产品。为了与其他厂家区别开来，Intel 公司将自己的586改名为"Pentium"，中文译为"奔腾"。Intel 公司新近推出的

Pentium4 强化了多媒体指令，新增了上百条命令。目前，著名的 CPU 生产厂家除了 Intel 公司外，还有 AMD 公司和 Cyrix 公司等。

## （二）总线

### 1. 总线的概念

为将各部件和外围设备与 CPU 直接连接，常用一组线路配以适当的接口电路来实现，这组多个功能部件共享的信息传输线称为总线，计算机系统通过总线将 CPU、主存储器及输入/输出设备连接起来。所以，总线是 CPU 与其他部件之间传送数据、地址和控制信号的公用通道。

从物理上讲，总线是计算机硬件系统中各部分互相连接的方式，具体体现为扩展槽；从逻辑上讲，总线是一种通信标准，是关于扩展卡能在 PC 中工作的协议。采用总线结构便于部件或设备的扩充；使用统一的总线标准，不同设备间互联将更容易实现。总线结构如图 1 - 14 所示。

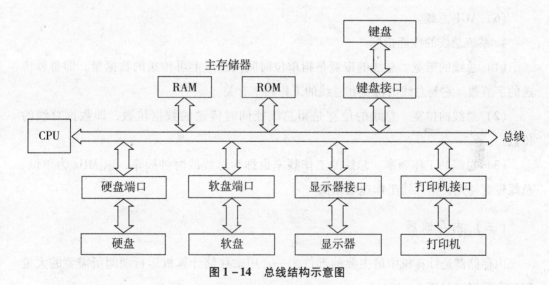

**图 1 - 14　总线结构示意图**

### 2. 总线的分类

现代计算机系统的总线包括内部总线、系统总线和外部总线。内部总线指 CPU 内部连接各部件的总线。系统总线指计算机系统的 CPU、存储器与 I/O 接口之间的总线。外部总线指微机与外部设备之间或多机系统之间的互连。

系统总线从物理结构上来看，是一组两端带有插头、用扁平线构成的互连线，亦即传输线。这组传输线根据传送信号的不同，分为以下三种：

（1）数据总线（Data Bus）：用于 CPU 与内存、I/O 接口之间传送数据。计算机数据总线的宽度等于计算机的字长。数据总线的宽度（根数）决定每次能同时传输信息的位数。

（2）地址总线（Address Bus）：用于 CPU 访问内存和外部设备时传送相关地址，实现信息传送的设备地址选择。地址总线通常是单向线，地址信息由源部件发送到目的部件。

（3）控制总线（Control Bus）：用于 CPU 访问内存和外部设备时传送控制信号，从而控制对数据总线和地址总线的访问和使用。控制总线通常是单向传输，有从 CPU 发送出去的，也有从设备发送出去的。

3. 常用总线标准

（1）ISA 总线。

（2）EISA 总线。

（3）VESA 总线。

（4）PCI 总线。

（5）通用串行总线 USB。

（6）AGP 总线。

4. 系统总线的性能指标

（1）总线的带宽。总线的带宽是指单位时间内总线上可传送的数据量，即每秒传送的字节数。它与总线的位宽和总线的工作频率有关。

（2）总线的位宽。总线的位宽是指总线能同时传送的数据位数，即数据总线的位数。

（3）总线的工作频率。总线的工作频率也称为总线的时钟频率，以 MHz 为单位，总线带宽越宽，则总线工作速度越快。

（三）内存储器

内存储器是计算机中最主要的部件之一，用来存储计算机运行期间所需要的大量程序和数据（见图 1 - 15）。

图 1 - 15　DDR 内存

内存储器按功能分为随机存储器（Random Access Memory，RAM）、只读存储器（Read Only Memory，ROM）和高速缓冲存储器（Cache）。

（1）随机存储器（RAM）。它的作用是临时存放正在运行的用户程序和数据及临时（从磁盘）调用的系统程序。其特点是，RAM 中的数据可以随机读出或者写入；关机或停电时，其中的数据会丢失。

目前，微机中常用的内存以内存条的形式插于主板上。

（2）只读存储器（ROM）。它的作用是存放一些需要长期保留的程序和数据，如系统程序、控制时存放的控制程序等。其特点是只能读，一般不能改写；能长期保留其上的数据，即使断电也不会破坏。一般在系统主板上装有 ROM‑BIOS，它是固化在 ROM 芯片中的系统引导程序，完成系统加电自检、引导和设置输入/输出接口的任务。

（3）高速缓冲存储器（Cache）。它是存在于主存与 CPU 之间的一级存储器，由静态存储芯片（SRAM）组成，容量比较小但速度比主存高得多，接近于 CPU 的速度。在计算机存储系统的层次结构中，是介于中央处理器和主存储器之间的高速小容量存储器。它和主存储器一起构成一级的存储器。高速缓冲存储器和主存储器之间信息的调度和传送是由硬件自动进行的。其特点是，地址映象方式简单，数据访问时，只需检查区号是否相等即可，因而可以得到比较快的访问速度，硬件设备简单。

（四）系统主板

系统主板（Systemboard）又称主板或母板，用于连接计算机的多个部件。它安装在主机箱内，是微型计算机的最基本、最重要的部件之一。在微机系统中，CPU、RAM、存储设备和显示卡等部件都连接在主板上，主板性能和质量的好坏将直接影响整个系统的性能。

集成在主板上的主要部件有：系统扩展槽（总线）、芯片组、BIOS 芯片、CMOS 芯片、电池、CPU 插座、内存槽、Cache 芯片、DIP 开关、键盘插座及小线接脚等。目前新型的主板还集成了显卡、声卡、网卡及调制解调器等接口。其结构如图 1‑16 所示。

（五）外存储器

外存储器又称为辅助存储器，用来长期保存数据、信息。常用的外存储器有软盘、硬盘、光盘和近年来研制的闪盘、可移动硬盘等（见图 1‑17）。

（六）输入设备

输入设备是向计算机输入程序、数据和命令的部件，常见的输入设备有键盘、鼠标、扫描仪、光笔、数字化仪及话筒等（见图 1‑18）。

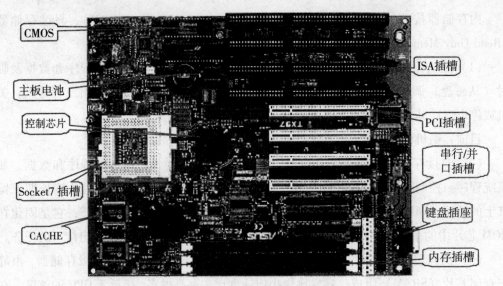

图 1 – 16　微型计算机中的主板

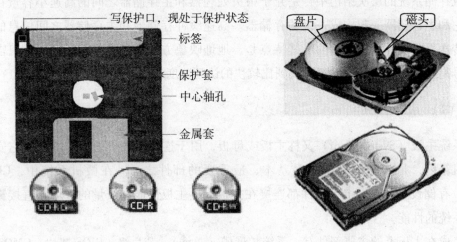

图 1 – 17　外存设备

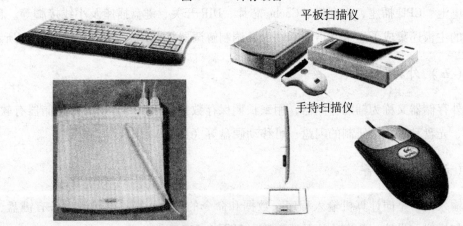

图 1 – 18　常用输入设备

### （七）输出设备

输出设备是将计算机运算或处理后的结果以字符、数据和图形等人们能够识别的形式输出。常见输出设备有显示器、打印机、投影仪、绘图仪以及声音输出设备等（见图1－19）。

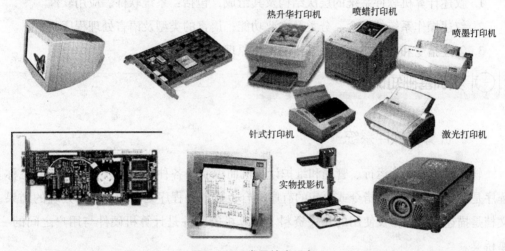

**图1－19　常用输出设备**

### 🛠 实训巩固

1. 计算机发展经历了哪几个阶段？每个阶段的主要特征是什么？

2. 简述当代计算机的主要应用。

3. 计算机由哪几部分组成？各部分的主要作用是什么？

4. 存储器的容量单位有哪些？相互之间的关系如何？

5. 试说明机器语言、汇编语言和高级语言的特点。

6. 进行下列数的数制转换。

217D =（　　　　　）B =（　　　　　）H =（　　　　　）O

57.625D =（　　　　　）B =（　　　　　）O =（　　　　　）H

2AEH =（　　　　　）B =（　　　　　）O

1010111001B =（　　　　　）O =（　　　　　）H

101011.11011B =（　　　　　）O =（　　　　　）H

# 实训三　计算机软件系统

## 实训目标

1. 叙述计算机软件系统的层次结构及其组成，包括：系统软件、应用软件。
2. 叙述操作系统的概念、分类及主要功能；语言的类型及语言处理程序。
3. 叙述指令和指令系统、计算机的工作原理。

## 实训基础知识

### 一、计算机软件系统

软件系统是指为运行、管理和维护计算机而编制的各种程序、数据和文档的总称。程序是完成某一任务的指令或语句的有序集合；数据是程序处理的对象和处理的结果；文档是描述程序操作及使用的相关资料。计算机的软件是计算机硬件与用户之间的一座桥梁。

计算机软件按其功能分为应用软件和系统软件两大类。用户与计算机系统各层次之间的关系如图 1-20 所示。

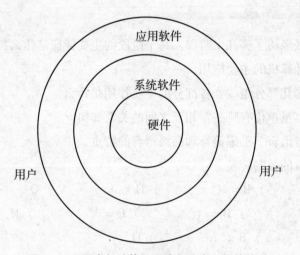

图 1-20　用户与计算机系统各层次之间的关系

### （一）系统软件

系统软件是指控制计算机的运行，管理计算机的各种资源，并为应用软件提供支持和服务的一类软件。其功能是方便用户，提高计算机使用效率，扩充系统的功能。系统软件具有两大特点：一是通用性，其算法和功能不依赖特定的用户，无论哪个应用领域都可以使用；二是基础性，其他软件都是在系统软件的支持下开发和运行的。

系统软件是构成计算机系统必备的软件，通常将系统软件分为以下几类：

（1）操作系统（Operating System，OS）。操作系统是管理计算机的各种资源、自动调度用户的各种作业程序、处理各种中断的软件。它是计算机硬件的第一级扩充，是用户与计算机之间的桥梁，是软件中最基础和最核心的部分。它的作用是管理计算机中的硬件、软件和数据信息，支持其他软件的开发和运行，使计算机能够自动、协调、高效地工作。

操作系统多种多样，目前常用的操作系统有 DOS、OS/2、UNIX、Linux、Windows 98、NetWare、Windows NT 等。

（2）程序设计语言。人们要使用计算机，就必须与计算机进行交流，要交流就必须使用计算机语言。目前，程序设计语言可分为四类：机器语言、汇编语言、高级语言及甚高级语言。

机器语言是计算机硬件系统能够直接识别的、不需翻译的计算机语言。机器语言中的每一条语句实际上是一条二进制形式的指令代码，由操作码和操作数组成。操作码指出进行什么操作；操作数指出参与操作的数或在内存中的地址。用机器语言编写程序时工作量大、难于使用，但执行速度快。它的指令二进制代码通常随 CPU 型号的不同而不同，不能通用，因而说它是面向机器的一种低级语言。通常不用机器语言直接编写程序。

汇编语言是为特定计算机或计算机系列设计的。汇编语言用助记符代替操作码，用地址符号代替操作数。由于这种"符号化"的做法，因而汇编语言也称为符号语言。用汇编语言编写的程序称为汇编语言"源程序"。汇编语言程序比机器语言程序易读、易检查、易修改，同时又保持了机器语言执行速度快、占用存储空间少的优点。汇编语言也是面向机器的一种低级语言，不具备通用性和可移植性。

高级语言是由各种意义的词和数学公式按照一定的语法规则组成的，它更容易阅读、理解和修改，编程效率高。高级语言不是面向机器的，而是面向问题，与具体机器无关，具有很强的通用性和可移植性。高级语言的种类很多，有面向过程的语言，例如 FORTRAN、BASIC、PASCAL、C 等；有面向对象的语言，例如 C++、Visual Basic、Java 等。

不同的高级语言有不同的特点和应用范围。FORTRAN 语言是 1954 年提出的，是出现最早的一种高级语言，适用于科学和工程计算；BASIC 语言是初学者的语言，简单易学，人机对话功能强；PASCAL 语言是结构化程序语言，适用于教学、科学计算、数据处理和系统软件开发，目前逐步被 C 语言所取代；C 语言程序简练、功能强，适用于系统软件、数值计算、数据处理等，已成为目前高级语言中使用最多的语言之一；C++、Visual Basic 等面向对象的程序设计语言，给非计算机专业的用户在 Windows 环境下开发软件带来了福音；Java 语言是一种基于 C++ 的跨平台分布式程序设计语言。

40 余年来，高级语言发生了巨大的变化，但从根本上说，上述的通用语言仍都是"过程化语言"。编码的时候，要详细描述问题求解的过程，告诉计算机每一步应该"怎样做"。为了把程序员从繁重的编码中解放出来，还需寻求进一步提高编码效率的新语言，这就是甚高级语言（VHL）或第 4 代语言（4GL）产生的背景。

对于 4GL 语言，迄今仍没有统一的定义。一般认为，3GL 是过程化的语言，目的在于高效地实现各种算法；4GL 则是非过程化的语言，目的在于直接地实现各类应用系统。前者面向过程，需要描述"怎样做"；后者面向应用，只需说明"做什么"。

（3）语言处理程序。将计算机不能直接执行的非机器语言源程序翻译成能直接执行的机器语言的语言翻译程序总称为语言处理程序。

源程序：用各种程序设计语言编写的程序称为源程序，计算机不能直接识别和执行。

目标程序：源程序必须由相应的解释程序或编译程序翻译成机器能够识别的机器指令代码后，计算机才能执行，这正是语言处理程序所要完成的任务。翻译后的机器语言程序称为目标程序。

汇编程序：将汇编语言源程序翻译成机器语言程序的翻译程序称为汇编程序，如图 1-21 所示。

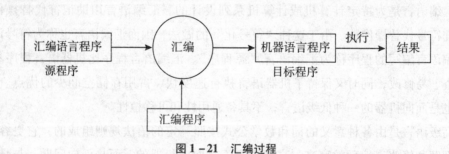

图 1-21　汇编过程

编译方式和解释方式：编译方式是将高级语言源程序通过编译程序翻译成机器语言目标代码，如图 1-22 所示。解释方式是对高级语言源程序进行逐句解释，解释一句就执行一句，但不产生机器语言目标代码，例如 BASIC 语言大都是按这种方式处理的。大部分高级语言都采用编译方式。

（4）数据库管理系统。利用数据库系统可以有效地保存和管理数据，并利用这些数据得到各种有用的信息。数据库系统主要包括数据库（Data Base）和数据库管理系

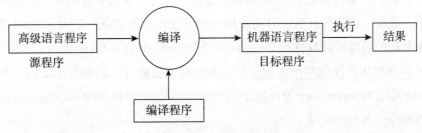

**图1-22 编译过程**

统（Data Base Management System）。数据库是按一定方式组织起来的数据集合。数据库管理系统具有建立、维护和使用数据库的功能；具有使用方便、高效的数据库编程语言的功能；能提供数据共享和安全性保障。数据库管理系统按数据模型的不同，分为层次型、网状型和关系型三种类型。其中关系型数据库使用最为广泛，例如 SQL Server、FoxPro、Oracle、Access、Sybase 等都是常用的关系型数据库管理系统。

（5）工具软件。工具软件又称为服务性程序，是在系统开发和系统维护时使用的工具，完成一些与管理计算机系统资源及文件有关的任务，包括编辑程序、链接程序、计算机测试和诊断程序、数据库管理软件及数据仓库等。这种程序需要操作系统的支持，而它们又支持软件的开发和维护。

数据仓库是近年来迅速发展起来的一种存储技术，是面向主题的、集成化的、稳定的、随时间变化的数据集合，是用以支持决策管理的一个过程。

**（二）应用软件**

应用软件是用户利用计算机硬件和系统软件，为解决各种实际问题而设计的软件。它包括应用软件包和面向问题的应用软件。一些应用软件经过标准化、模块化，逐步形成能够讲述决某些典型问题的应用程序的组合，称为软件包（Package）。例如，AutoCAD 绘图软件包，通用财务管理软件包，Office 软件包等。目前，软件市场上能提供数以千计的软件包供用户选择。

面向问题的应用软件是指计算机用户利用计算机的软、硬件资源为某一专门的目的而开发的软件。例如，科学计算、工程设计、数据处理、事务管理等方面的程序。随着计算机的广泛应用，应用软件的种类及数量将越来越多、越来越庞大。应用软件根据其功能，大致可分为字处理软件、电子表格软件、辅助设计软件、网络软件、实时控制软件等。

（1）文字和电子表格处理软件主要用于将文字或表格输入到计算机并存储在外存中，用户能对输入的文字或表格进行修改、编辑，并能将计算机中的文字或表格打印出来。例如，办公自动化软件包 Office2000、WPS2000 等。

（2）计算机辅助设计软件能高效率地绘制、修改、输出工程图纸，普遍应用于机械、电子、服装、建筑等行业。目前常用的辅助设计软件有 AutoCAD、Protel 等。用于图形图像处理的辅助设计软件有 Photoshop、3D Studio MAX、Flash 等。

（3）网络应用软件包括网页制作软件和网络通信软件。例如，用于网页制作的软件有 FrontPage、Dreamweaver 等；用于网络通信的软件有 Outlook Express、Internet Explorer、Netscape Navigator 等。

（4）实时控制软件。在现代化工厂里，计算机普遍用于生产过程的自动控制。例如，用于控制电压、温度、压力、流量等的模拟量以及为解决科研及生产中的实际问题而由用户设计的应用程序。

（5）工具软件一般用于对计算机系统本身进行维护、优化和测试等。例如，压缩软件 WinZip、WinRAR；磁盘复制软件 Ghost；杀毒软件 Kill、KV3000、金山毒霸、瑞星等。

（6）使用计算机进行娱乐的方式有听音乐、看 VCD、玩计算机游戏等。娱乐软件主要分为两大类：

①多媒体播放软件。各种各样的音频、视频文件必须使用软解压软件来播放，目前常见的有 Xing、Realplayer、豪杰解霸系列等。

②游戏软件。游戏软件各种各样，有角色扮演类、即时战略类和益智类等。

## 二、计算机工作原理

计算机工作时，先要把程序和所需数据送入计算机内存，然后存储起来，这就是"存储程序"的概念。运行时，计算机根据事先存储的程序指令，在程序的控制下由控制器周而复始地取出指令，分析指令，执行指令，直至完成全部操作。

### （一）指令和指令系统

指令是指挥计算机进行基本操作的命令，是一组二进制代码。一台计算机所能识别和执行的全部指令的集合叫做这台计算机的指令系统。程序是由指令组成的有序集合。一般指令包含两部分内容：操作码和操作数，即操作性质（进行哪一种操作）和被操作对象（操作数）。对一个计算机系统进行总体设计时，设计师必须根据要完成的总体功能设计一个指令系统。指令系统中包含许多指令，为了区别这些指令，每条指令用惟一的代码来表示其操作性质，这就是指令操作码。操作数表示指令所需要的数值或数值在内存中所存放的单元地址。

## （二）计算机的工作过程

计算机的工作过程实际应是计算机依次执行程序指令的过程。一条指令执行完毕后，控制器再取下一条指令执行，如此下去，直到程序执行完毕。计算机完成一条指令操作分为取指令、分析指令和执行指令三个阶段。

（1）取指令：控制器根据程序计数器的内容（存放指令的内存单元地址）从内存中取出指令送到指令寄存器，同时修改程序计数器的值，使其指向下一条要执行的指令。

（2）分析指令：对指令寄存器中的指令进行分析和译码。

（3）执行指令：根据分析和译码实现本指令的操作功能。

# 实训四　计算机网络基础知识

## 实训目标

1. 能够叙述计算机网络的定义、分类、组成与功能。
2. 能够叙述网络通信协议的基本概念。
3. 能够讲述局域网的特点和组成；局域网的主要拓扑结构。
4. 知晓局域网组网的常用技术。

## 实训基础知识

### 一、网络的定义与功能

#### （一）计算机网络的概念（见图 1 – 23）

图 1 – 23　网络模型

以资源共享观点定义为：

将相互独立的计算机系统以通信线路相连接，按照全网统一的网络协议进行数据通信，从而实现网络资源共享的计算机系统的集合。

（1）这些计算机系统各自是独立的，自主的。计算机系统中既包括各型计算机，也包括诸如打印机、终端、MODEM、绘图仪等设备。

（2）将计算机系统他们通过有线或无线的传输介质连接起来的。通信设备称为网络互联设备。

（3）计算机网络的基本功能是数据通信和资源共享。

（4）要实现网络的基本功能还需要软件的支持。（包括计算机之间数据传输的通信协议（Protocol、网络操作系统 NOS、网络服务软件等）。

（5）计算机网络是计算机技术与通信技术紧密相结合的产物。计算机技术构成了网络的高层建筑（应用层面，资源子网），通信技术构成了网络的低层基础（数据通信，通信子网）。

## （二）计算机网络的分类

1. 按地理规模分

（1）广域网（WAN）：覆盖的地理区域大、传输速率低、拓扑结构复杂、借助于公用网络。

（2）城域网（MAN）：地理范围介于局域网和广域网之间。

（3）局域网（LAN）：地理范围小，一般在几十米到几千米；传输速率高（1M/S～10G/S），误码率低；拓扑结构简单：总线型、星型、环型；由一个单一的组织管理。

2. 根据网络所使用的传输技术

广播式网、点—点式网。

3. 根据网络的拓扑结构

总线型网、环型网、星型网、网状型网等。

4. 根据链路采用的传输介质

双绞线网、同轴电缆网、光纤网等。

5. 根据网络通信信道的数据传输速率

10M 网络、100M 网络、1000 网络。

6. 根据网络的信道带宽

窄带网、宽带网、超宽带网。

### （三）计算机网络的功能

计算机网络是计算机科学与应用发展的一个重要方向。由于网络的优点，使得计算机网络得到越来越广泛的应用。（三金工程，政府上网，全国银行联网结算……）

（1）资源共享：硬件资源共享：网络打印机，主机，存储设备，通信信道等。软件资源共享：共享应用软件，数据，数据库。

（2）数据通信：通过传输协议和软件在计算机之间通信。（E－mail），发布新闻（BBS），电子数据交换（EDI），网上办公，网上会议。

（3）并行计算，分布式数据处理，提高系统的安全性等。

## 二、网络的产生和发展

1. 计算机网络在发展过程中经历了四个阶段

联机系统阶段，互联网络阶段，标准化网络阶段，网络互连与高速网络阶段。

（1）联机系统阶段：网络的雏形，终端—通信线路—计算机的系统（面向终端的计算机通信）。SAGE（半自动防空系统）。

设备组成：终端（数据收集），集中器（数据集中处理），调制解调器（数字信号与模拟信号的转换），电话线（传输模拟信号），线路控制器（串行与并串转换与差错控制），前端处理机（FEP）（数据通信控制）。

（2）互联网络阶段：计算机—计算机的系统。（ARPANET）互联网的开始。

（3）标准化网络阶段：由于网络的发展，采用分层方法解决网络的各种问题，一些公司开发出自己的网络产品：IBM 的 SNA（系统网络体系），DEC 的 DNA。

在 1984 年由 ISO 颁布了"开放系统互连参考模型"（OSI/RM），制定网络结构由七层组成，又称为"七层模型"，不同公司的网络可以互连。

（4）网络互连与高速网络阶段：20 世纪 90 年代以后，更大的网络互连和信息高速公路。

美国的 NII，我国的五大网络，互联网，公用数据网。

2. 我国的网络发展

1987 年 9 月 20 日，钱天白教授通过 X. 25 网络，速率为 300bps，从中国向 Internet 发出了第一封电子邮件："Across the Great Wall，Reach the World"（越过长城，到达世界）。

中国科学院高能物理研究所于 1988 年和 1991 年通过 X. 25 连通欧洲和美国。

1989 年 5 月，CRN（中国研究网）通过 X. 25 网与德国联网。

1989 年 9 月，开始建设中关村地区教育与科研示范网络（NCFC），1992 年建成院校网，1993 年 12 月完成主干互联。

1990 年 10 月，钱天白教授代表中国注册登记了我国的顶级域名 CN。

1994 年 4 月 20 日，NCFC 工程通过美国 Sprint 公司连入 Internet 的 64K 国际专线开通，实现了与 Internet 的全功能连接，中国成为直接接入 Internet 的国家。

3. 我国互联网络建立时间

1995 年 4 月，CSTNet（中国科技网），国际出口 64Kbps。

1995 年 5 月，ChinaNet（中国公用计算机互联网），国际出口 2×64Kbps。

1995 年 11 月，CERNet（中国教育科研网），国际出口 128Kbps。

1996 年 9 月，ChinaGBN（中国金桥网），国际出口 256Kbps。

1997 年，ChinaNet 实现与 CSTNet、CERNet 和 ChinaGBN 的互连。

1999 年 4 月，UniNet（中国联通互联网）。

1999 年 7 月，CNCNet（中国网通）。

2000 年 1 月，CGWNet（中国长城网）。

2000 年 1 月，CIETNet（中国对外经济贸易网）。

2000 年 1 月，CMNet（中国移动互联网）。

## 三、网络的组成

计算机网络一般可分成两大部分：资源子网和通信子网。简单地说：属于计算机的软、硬源部分和在计算机系统之间进行的数据通信部分（见图 1-24）。

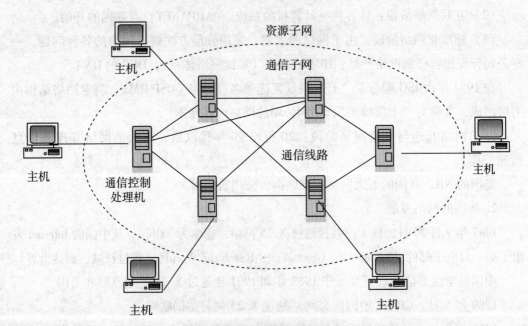

图 1-24　网络组成示意图

（1）资源子网：提供访问功能。主计算机，终端控制器。终端和共享的软件资源和数据，主计算机通过一条高速多路复用线或一条通信链路连接到通信子网的节点上。

（2）通信子网：节点计算机 NC、网络互联设备和通信线路组成的独立数据通信系统，承担全网的数据传输、转接、加工、变换等通信处理工作。

### 四、网络的拓扑结构

网络拓扑结构：指网络的物理几何形状，即采用什么样的物理连接形式组网。

选择拓扑结构时应考虑：易于安装，易于扩展、易于管理、高安全性、高传输率、低费用。

（1）星型拓扑结构：结构简单，易于扩充和管理，发现故障、排除故障容易，可靠性低（见图 1–25）。

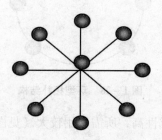

**图 1–25　星型拓扑结构**

（2）树型拓扑结构：结构简单，易于扩充和管理，发现故障、排除故障困难（见图 1–26）。

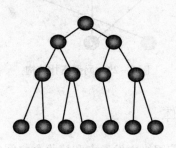

**图 1–26　树型拓扑结构**

（3）总线型拓扑结构：结构简单，易于扩充和管理，可靠性高，速率快，接入节点有限，发现故障、排除故障困难，实时性较差（见图 1–27）。

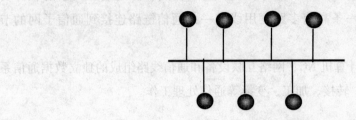

图 1 – 27    总线型拓扑结构

（4）环型拓扑结构：设备与线路少，可靠性高，发现故障、排除故障困难，速度慢（见图 1 – 28）。

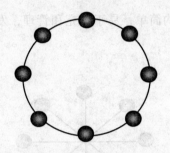

图 1 – 28    环型拓扑结构

（5）网型拓扑结构：可靠性高，所需费用较大（见图 1 – 29）。

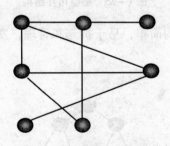

图 1 – 29    网型拓扑结构

## 五、网络中的传输媒体

传输媒体（Media）：通信网络中发送方和接收方之间的物理通路。

1. 有线传输媒体：双绞线，同轴电缆，光纤

（1）双绞线（见图 1 – 30）：四对线双绞而成。双绞的目的是减少邻近线的电磁干扰，广泛应用于传输模拟和数字信号，价格低廉，广泛用于星型、混合型网络和电话通信。有效传输距离：1.5 ~ 100M。

**图1-30 双绞线**

（2）同轴电缆（粗缆、细缆）。

①CATV的电缆，阻抗为75Ω，用于基带网和宽带网，可传输数字和模拟信号。有效传输距离：1.5~500M。

②细缆：阻抗为50Ω，只用于基带网，作数字信号传输，速率为10Mbps，广泛用于总线型，混合型网络。有效传输距离：1.5~185M。

（3）光纤。传输速率可达千兆位，抗干扰强，保密性好，可远距离传输。主要用于主干网线。

2. 无线传输媒体

卫星通信，无线通信，红外通信，微波通信，激光通信。

无线传输：卫星通信，无线通信，红外通信，微波通信，激光通信。传送速度高，应用有限制，费用高，用于特殊场合的信息传送。

## 六、网络通信协议和网络体系结构定义

### （一）网络通信协议的概念

通信协议（Communication Protocol）：在网络中，为了保证通信双方正确而快速地通信而制定的一整套约定和规则，是计算机之间交流的语言。

通信协议具备的三要素：

"语法"——规定网络应该怎么做。

"语义"——规定网络应该做什么。

"时序"——规定网络工作的先后顺序。

### （二）网络的分层体系结构

**1. 网络分层体系机构的概念**

计算机网络的所有功能层次，各层次的通信协议以及相邻层间接口的集合。

**2. 为什么要使用网络的分层体系结构**

由于计算机网络比较复杂，采用分层的方法来研究网络，网络上可看成由若干相邻的层组成的，每一层都以某种方式在其低层提供的服务之上再附加一定的功能，从而将所需处理的庞大任务分解到每一层上共同完成。分层结构的优点：

独立性强、功能简单、适应性强、易于实现和维护、结构可分割、易于交流和标准化。

**3. OSI/RM——开放式互联模型**

（1）OSI/RM 模型概述。

在 1978 年由 ISO 提出了 OSI 参考模型，网络由七层组成，又称"七层模型"。分别是：物理层，数据链路层，网络层，传输层，会话层，表示层，应用层（见图 1 - 31）。

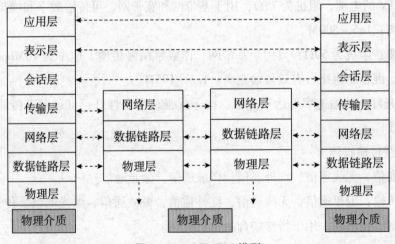

图 1 - 31　OSI/RM 模型

（2）OSI/RM 模型各层间的通信。

OSI/RM 主要层次功能的直观印象：

应用层：这次通信要做什么？

传输层：对方的位置在哪里？

网络层：到达对方位置走哪条路？

数据链路层：沿途中的每一步怎样走？

物理层：每一步怎样实际使用物理介质？

OSI/RM 中每一层次中包括两个对等实体。每层对等实体之间都存在通信。

OSI/RM 定义了 7 层协议，分别以层的名称来命名。各层协议定义了该层的协议控制信息的规则和格式（见图 1 – 32）。

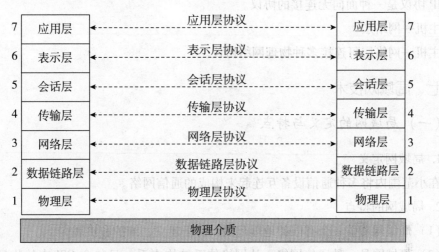

**图 1 – 32  OSI/RM 各层间的协议**

4. TCP/IP 参考模型与层次

（1）TCP/IP 参考模型的概述。

TCP/IP 参考模型应包括 4 个层次，从上往下依次为：应用层、传输层、互连层、主机—网络层。

应用层：对应于 OSI/RM 中的会话层、表示层和应用层。还包括了应用程序。

传输层：对应于 OSI/RM 的传输层。

互连层：对应于 OSI/RM 的网络层。

主机—网络层：对应于 OSI/RM 的物理层、数据链路层及一部分网络层的功能。

（2）TCP/IP 中的协议簇。

应用层协议：

①HTTP，超文本传输协议。

②TELNET，网络终端仿真协议。

③FTP，文件传输协议。

④SMTP，简单电子邮件协议。

⑤DNS，域名服务协议。

传输层协议：

①TCP 传输控制协议，一种可靠的面向连接的协议。在多数情况下，传输层使用 TCP 协议，以保证将通信子网中的传输错误全部处理完毕。

②UDP 用户数据报协议，一种不可靠的无连接协议，分组传输中的差错控制由应

用层完成。

互连层（IP 层）协议：

IP 协议是一种面向无连接的协议。

主机—网络层

主机—网络层可连接多种物理网络协议。

## 七、局域网技术

### （一）局域网的定义与特点

1. 局域网定义

在小范围内将多种通信设备互连起来构成的通信网络。

2. 局域网的特点

（1）局域网覆盖一个有限的地理范围。易于建立、维护和扩展。

（2）局域网是一种通信网络，从网络体系结构来看，只包含 OSI 中的物理层、数据链路层和网络层。

（3）连入局域网的数据通信设备是广义的，包括计算机、终端、电话机等多种通信设备。

（4）局域网的数据传输速率高、误码率低。目前局域网的数据传输速率在 10 ~ 10000Mbps。

（5）局域网中涉及的主要技术因素包括：网络拓扑结构、传输介质和介质访问控制方法。

### （二）局域网中的主要设备

1. 中继器（Repeater）（见图 1 - 33）

完成比特信号的复制、放大和整形。

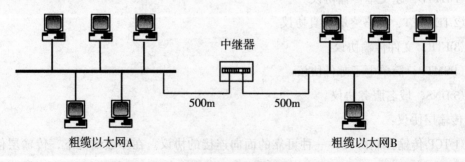

图 1 - 33　中继器

2. 网桥（Bridge）（见图 1-34）

在两个局域网之间对数据链路层的帧进行接收、存储和转发。

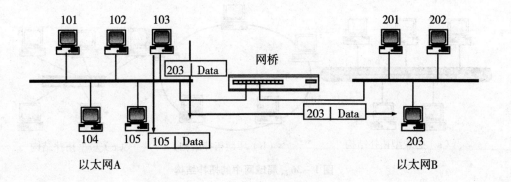

图 1-34 网桥

3. 路由器（Router）（见图 1-35）

（1）协议转换功能。对层次结构和协议不相同的网络实现互联，必须能将一种数据格式转换成另一种数据格式。

（2）路由选择功能。根据网络拓扑的情况，选择一个最佳路由，以实现数据的合理传输。

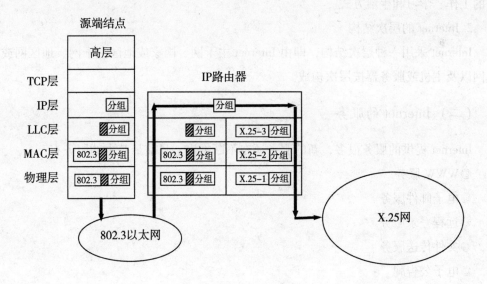

图 1-35 路由器

## （三）局域网中的拓扑结构（见图1－36）

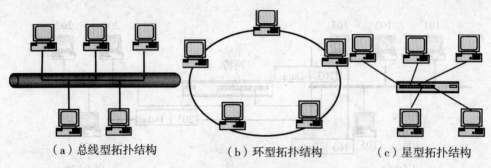

（a）总线型拓扑结构　　　（b）环型拓扑结构　　　（c）星型拓扑结构

图1－36　局域网中的拓扑结构

# 八、Internet 基础

## （一）Internet 发展和结构

### 1. Internet 的发展

Internet 最初仅用于科学研究、学术和教育领域，自 1991 年起，开始了商业化应用，为用户提供了多种网络信息服务，使得 Internet 的迅猛发展，以至于正在改变着人们的工作、学习和生活方式。

### 2. Internet 的层次结构

Internet 采用一种层次结构，即由 Internet 主干网、国家或地区主干网、地区网或局域网以及主机或服务器按层次构成。

## （二）Internet 的服务

Internet 提供的服务很多，新的服务还在不断推出，目前最基本的服务有：

◎WWW 服务

◎电子邮件服务

◎远程登录服务

◎文件传送服务

◎电子公告牌

◎网络新闻组

◎检索和信息服务

（三）IP 地址

1. IP 地址结构

一个 IP 地址划分为两部分：网络地址和主机地址。网络地址标识一个逻辑网络，主机地址标识该网络中一台主机。

2. IP 地址分类（见图 1 - 37）

IPv4 结构的 IP 地址长度为 4 字节（32 位），根据网络地址和主机地址的不同划分，编址方案将 IP 地址划分为 A、B、C、D、E 五类，A、B、C 是基本类，D、E 类作为多播和保留使用。

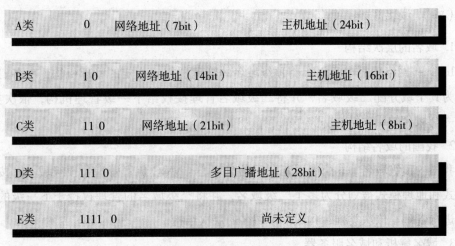

| A类 | 0 | 网络地址（7bit） | 主机地址（24bit） |
| B类 | 1　0 | 网络地址（14bit） | 主机地址（16bit） |
| C类 | 11　0 | 网络地址（21bit） | 主机地址（8bit） |
| D类 | 111　0 | 多目广播地址（28bit） | |
| E类 | 1111　0 | 尚未定义 | |

图 1 - 37　IP 地址分类

IP 地址的十进制表示法：

IP 地址的 32 位通常写成 4 个十进制的整数，每个整数对应一个字节。这种表示方法称为"点分十进制表示法"。

例如：一个 IP 地址可表示为：202.115.12.11。

IP 地址的类别判定：

从一个 IP 地址直接判断它属于哪类地址的方法是，判断它的第一个十进制整数所在范围。

下边列出了各类地址第一个十进制整数的起止范围。

A 类：1.0.0.0 ~ 126.255.255.255

（0 和 127 保留作为特殊用途）

B 类：128.0.0.0 ~ 191.255.255.255

C 类：192.0.0.0 ~ 223.255.255.255

3. 特殊 IP 地址

（1）网络地址

当一个 IP 地址的主机地址部分为 0 时，它表示一个网络地址。

例如：202. 115. 12. 0。

表示一个 C 类网络。

（2）广播地址

当一个 IP 地址的主机地址部分为 1 时，它表示一个广播地址。

例如：145. 55. 255. 255。

表示一个 B 类网络"145.55"中的全部主机。

（四）域名

1. 域名的层次结构

Internet 网络信息中心 NIC 将顶级域名的管理授权给指定的管理机构，由各管理机构再为其子域分配二级域名，并将二级域名管理授权给下一级管理机构，依次类推，构成一个域名的层次结构。

2. 我国的域名结构

我国的顶级域名 . cn 由中国互联网信息中心 CNNIC 负责管理。顶级域 . cn 按照组织模式和地理模式被划分为多个二级域名，并将二级域名的管理权授予下一级的管理部门进行管理。依次类推，构成一个域名的层次结构。

3. 域名解析和域名服务器

域名解析：将主机域名映射成 IP 地址的过程。

域名服务器：域名服务器是安装有域名解析处理软件的主机，用于实现域名解析。

域名服务器构成一定的层次结构（见图 1 - 38）：

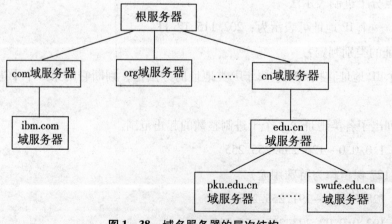

**图 1 - 38　域名服务器的层次结构**

（五）Internet 的接入（见图 1 – 39）

1. 因特网服务提供者 ISP：

（1）为用户提供因特网接入服务。

（2）为用户提供多种信息服务。

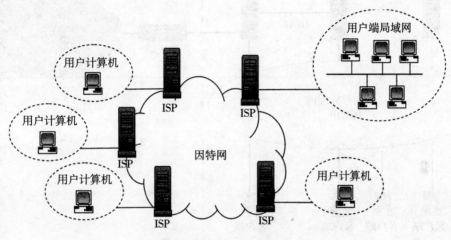

图 1 – 39　Internet 的接入

2. Internet 接入技术

（1）电话拨号接入。

（2）XDSL 接入。

（3）DDN 专线接入。

（4）ISDN 接入。

（5）无线接入。

（六）Intranet 和 Extranet

1. Intranet 的特点

（1）采用了 TCP/IP 协议，使用 Internet 中的 WWW、E – mail、FTP 等技术。

（2）从用户端看来，具有和 Internet 相同的用户界面，因此用户可以方便地访问 Intranet 和 Internet。

（3）信息资源在企业内部共享，不像 Internet 那样对公众开放。

（4）不是孤立的，必须和外部网络，特别是 Internet 相连接。为了保证企业内部信息的安全，往往通过防火墙和 Internet 相连。

2. Intranet 的基本结构（见图 1 – 40）

Intranet 一般包括四个基本部分：

服务器、客户机、企业内部物理网和防火墙。

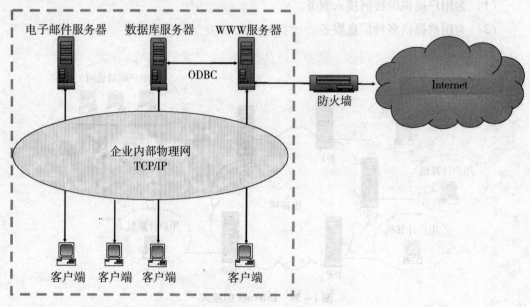

图 1 – 40   **Intranet 的基本结构**

3. Extranet 的特点

（1）采用了 TCP/IP 协议，使用 Internet 中的 WWW、E – mail、FTP 等技术。

（2）信息资源在具有合作关系的企业之间共享，此时，既要保证 Intranet 企业内部的信息安全，又要保证合作企业的合法访问。

（3）信息资源也不象 Internet 那样对公众开放。为了保证 Extranet 信息的安全，往往采用防火墙、确认授权、数字签名、审计管理等技术。

（4）Extranet 不是一种新的技术，只是对现有技术的集成和改造而形成的一个新的系统。

4. Extranet 的结构（见图 1 – 41）

Extranet 通常将已经存在的 Internet 连接起来，每个 Intranet 有自己的服务器和防火墙。

✂ **实训巩固**

1. 如何理解计算机网络概念？

2. 计算机网络由哪两部分组成，它们的功能分别是什么？

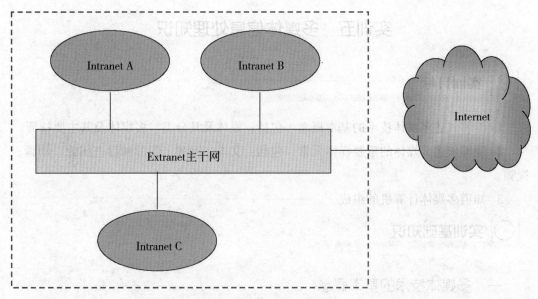

**图 1 - 41　Extranet 的结构**

3. 计算机网络的功能主要有_____，_____和_____。

4. 企业的网络信息管理系统属于计算机网络的哪种功能？

5. 网络共享打印机属于计算机网络的哪种功能？

6. 什么是网络的拓扑结构？说出三种拓扑结构，画出它们的结构图。

7. 星型网络，总线型网络，环型网络的优点和缺点是什么？

8. 网络中的传输媒体主要有哪些？各有什么特点？

9. OSI 是什么？它由哪七层组成？

10. 网络按覆盖的范围分为_____，_____，_____。

11. 什么是网络通信协议？

12. 简述计算机网络主要的功能。

13. 说出 OSI/RM 通信协议中 1～4 层协议的名称。

14. 简述局域网的特点。

15. TCP/IP 协议簇中最主要的两个协议是什么？

16. 主要的 Internet 接入技术有哪几种？

# 实训五　多媒体信息处理知识

## 实训目标

1. 能够叙述多媒体技术的基本概念。包括：媒体及其分类、多媒体及其主要特征。
2. 能够叙述多媒体的重要媒体元素。包括：文本、音频、图形和静态图像、动画、视频。
3. 知道多媒体计算机的组成。

## 实训基础知识

### 一、多媒体技术的基本概念

人类传送信息，是通过各种信号来实现的。信号是传送信息的载体。例如，通过声音和语音信号刺激人的听觉器官来得到各种信息，再进一步，通过视频图像信号，尤其是动态视频图像信号，由人的视觉来得到更生动更真实的信息。

当然，仅有图像是不够的，还必须配合以声音、文字等多种形式的信号。人类通过感官，用多种形式的信号交换信息，这便是我们所要讨论的多媒体技术。多媒体技术把视听信息传播能力与计算机交互控制功能相结合，创造出集图、文、声于一体的新型信息处理模型。

### （一）媒体的概念及其分类

媒体（Medium）也称为媒质或媒介，它是表示和传播信息的载体。其在不同的领域有不同的说法，仅在计算机领域就有几种含义：

（1）存储信息的媒体：如磁带、磁盘、光盘等。

（2）传播信息的媒体：如电缆、电磁波等。

（3）表示信息的媒体：如数值、文字、声音、图形、图像及视频等。

表示信息的媒体又可以进行如下的分类：

（1）感觉媒体（Preception Medium）。直接作用于人的感官，产生感觉（视、听、嗅、味、触觉）的媒体称为感觉媒体。例如语言、音乐、音响、图形、动画、数据、文字、文件等都是感觉媒体。

（2）表示媒体（Presentation Medium）。为了对感觉媒体进行有效的传输，以便于进行加工和处理，而人为地构造出的一种媒体称为表示媒体。例如语言编码，静止和活动图像编码以及文本编码等都称为表示媒体。

（3）显示媒体（Display Medium）。显示媒体是显示感觉媒体的设备。显示媒体又分为两类：一类是输入显示媒体，例如话筒，摄像机、光笔以及键盘等；另一种为输出显示媒体，例如扬声器、显示器以及打印机等。

## （二）多媒体的概念及其特性

多媒体技术的概念。

1. 多媒体的含义

媒体是信息表示和传输的载体。

2. 多媒体的特征

多媒体是指计算机领域中的感觉媒体，主要包括文字、声音、图形、图像、视频和动画等。

（1）数字化

数字化是指各种媒体的信息，都以数字形式（即0和1编码）进行存储、处理和传输，而不是传统的模拟信号方式。

（2）集成性

集成性是指对文字、图形、图像、声音、视频和动画等信息媒体进行综合处理，达到各种媒体的协调一致。

（3）交互性

交互性是指人能方便地与系统进行交流，以便对系统的多媒体处理功能进行控制。

3. 多媒体信息的类型

（1）文本。文本（Text）是计算机中基本的信息表示方式，包含了字母、数字，以及各种专用符号。

（2）图形。图形（Graphics）一般是指通过绘图软件绘制的由直线、圆、圆弧和任意曲线等组成的画面。

（3）图像。图像（Image）是通过扫描仪、数码相机和摄像机等输入设备捕捉的真实场景的画面。

（4）动画。动画（Animation）是指人工创作出来的连续图形所组合成的动态影像。

（5）视频。视频（Video）图像来自录像带、摄影机和影碟机等视频信号源的影像，是对自然景物的捕捉。

（6）音频。音频（Audio）包括话音、音乐以及动物和自然界（如风、雨、雷等）发出的各种声音。音乐和解说词可以使文字和画面更加生动。

4. 多媒体信息处理的关键技术

（1）数据压缩技术。

数据压缩算法可以分为无损压缩和有损压缩两种。

目前应用于计算机的多媒体压缩算法标准有压缩静止图像的 JPEG 标准和压缩运动图像的 MPEG 标准两种。

（2）大容量光盘存储技术。

## 二、多媒体计算机的组成与应用

在多媒体系统中，发展最快和最普及的系统平台是以 PC 机为基础的集成环境，这种系统简称 MPC 机系统。为了适应多媒体系统功能目标和应用需求，一方面可通过改进 PC 机体系结构，使 PC 机性能升级；另一方面可运用多媒体专用芯片和板卡，集成以 PC 机为中心的组合平台。在这样的硬件基础上，配备多媒体操作系统和服务工具，以及丰富的多媒体软件，是多媒体技术向产业化、实用化发展的技术保证。

多媒体计算机系统是由多媒体计算机硬件系统和多媒体计算机软件系统组成的。

### （一）多媒体计算机硬件系统

由于多媒体计算机需要综合声音、动画等信息量很大的多种媒体，因此多媒体计算机除了具备一般 PC 机的硬件配置外，还要求中央处理器、输入输出接口及系统总线的速度尽可能快，存储器的容量尽可能大。一台 MPC 机的硬件系统主要包括以下几部分：

（1）多媒体主机。多媒体主机必须有支持多媒体指令的 CPU，可以使用高档微型计算机或者工作站。这些多媒体扩展指令最早出现在 Intel 公司的 MMX，其次是 AMD 公司的 3D Now!，最后是近几年的 Pentium Ⅲ 中的 SSE。MMX（多媒体指令集）共有 57 条指令，是 Intel 公司第一次对自 1985 年就定型的 X86 指令集进行的扩展。MMX 主要用于增强 CPU 对多媒体信息的处理，提高 CPU 处理 3D 图形、视频和音频信息能力。

3D Now! 共有 27 条指令，重点提高了 AMD 公司 K6 系列 CPU 对 3D 图形的处理能力，但由于指令有限，该指令集主要应用于 3D 游戏，而对其他商业图形应用处理支持不足。SSE（Internet Streaming SIMD Extensions，因特网数据流单指令序列扩展）共有 70 条指令，不但涵盖了原 MMX 和 3D Now! 指令集中的所有功能，而且特别加强了 SIMD 浮点处理能力，另外还专门针对目前因特网的日益发展，加强了 CPU 处理 3D 网页和其他音、像信息技术处理的能力。

（2）多媒体输入设备。可配置摄像机、话筒、录像机、录音机、扫描仪、CD － ROM 等多媒体输入设备。

（3）多媒体输出设备。可配置显示器、电视机、打印机、绘图仪以及各种音响设备等多媒体输出设备。

（4）外存储器。可配置磁盘、光盘、录音录像带等外存储器。

（5）操纵控制设备。可配置键盘、鼠标、操纵杆、触摸屏以及遥控器等操纵控制设备。

（6）多媒体接口卡。

## （二）多媒体计算机软件系统

多媒体计算机软件系统是指用于处理多媒体信息、支持多媒体硬件设备工作的程序，包括多媒体操作系统、多媒体数据库、多媒体数据的采集和制作软件以及多媒体开发制作工具。例如，用于音频编辑的软件有 Sound Forge、Cool Edit 等；用于图像和动画编辑的软件有 Photoshop、Flash 等；用于多媒体开发制作的软件包有 Authorware、方正奥思等。

## （三）多媒体的应用

1. 多媒体的应用从其技术的应用来说，可分为如下几个方面

（1）多媒体数据库技术的应用。近些年来，多媒体数据库技术需求已越来越大，如公共多媒体库、教学素材库、高品质数字音频库等。

（2）通信、网络、多媒体技术的融合。多媒体技术的应用，离不开通信技术、网络技术的支持，在通信领域中融合进多媒体技术，致使其应用的范围越来越广。例如，交互式有线电视就能让用户向有线电视系统主动点播所需的电视节目，并可同时传输几百路电视节目；又如，视频会议系统能使异地与会者如同面对面一样地充分交流信息。

（3）虚拟现实技术。虚拟现实技术是多媒体应用的最高境界，它在模拟训练、科学可视化、娱乐等领域得到推广和应用。

2. 多媒体的应用从其在信息社会的应用来说，可分为以下几个方面

（1）办公自动化。增加了图、文、声、像、视频的处理能力，增进了办公自动化的程度，提高了工作效率。例如视频会议就是多媒体协同工作的重要手段。

（2）电子商务。它是一个可视的网上购、销市场，商家可以在网上销售自己的商品，并可以为用户提供网上售后服务。

（3）教育与培训。为了适应学历教育、继续教育、职业教育、远程教育等各种教育类型的需要，多媒体技术在教育中应用的热点已从单纯考虑如何准备教学资源（例如 CAI），发展为有效地使用这些资源，提出了"综合采用现代化教育技术，构建现代

化教育环境"的新多媒体教室解决方案。

（4）在家庭中的应用。随着信息化住宅小区的发展，拥有多功能的 MPC，既可以办公、创作、学习，也可以游戏、娱乐。例如，采用交互视听功能，用户可以根据自己的喜好联网点播视听节目，进行卡拉 OK 或者观看视频节目文化娱乐。

（5）电子出版物。随着计算机技术、多媒体技术的发展，电子出版物越来越普及，大量的图书资料已存放在光盘上，通过多媒体终端进行阅读。图书馆的多媒体阅览室已相当普及。

# 项目二　Windows 2000/XP/2003 中文操作系统

操作系统是最基本的系统软件，是用户使用计算机最基础的软件。对于我们来说，学会使用操作系统是真正打开计算机大门的钥匙，没有这些知识，所有有关计算机的梦想全部都是空谈。

而现在最常见的操作系统就是 Windows 操作系统，有关它的知识我们将在本章中能够讲述到，通过对它的学习，我们将真正地能够体会到计算机操作的乐趣。

## 实训一　Windows 基础操作

### ⊙ 实训目标

1. 能够讲述 Windows 启动和退出的方法。
2. 能够讲述桌面的组成，及开始按钮。
3. 学会鼠标的基本操作。
4. 能够叙述 Windows 中的基本元素及相应的操作。

### ⊕ 实训基础知识

1. Windows 的启动

— 63 —

要使用本机，用户必须输入用户名和密码。

2. Windows 的退出

3. 桌面的基本元素

按照上述方法进入后就会看到经典的 Windows 桌面了。

桌面上图标的简介如下：

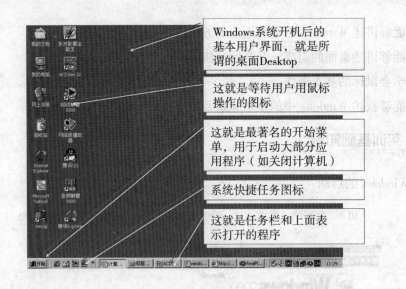

开始按钮界面如下：

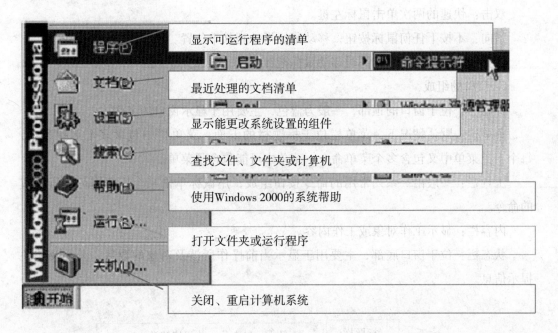

任务栏如下：

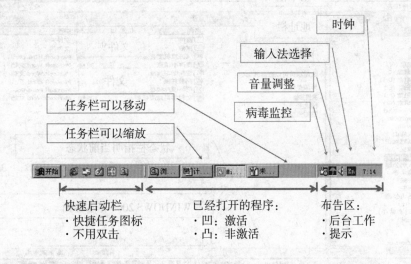

4. 鼠标的使用

在 Windows 中，大部分的操作都可以用鼠标来完成，鼠标控制着屏幕上的鼠标指针，在桌面上移动鼠标，屏幕上的鼠标指针也会跟着移动。当指针指向某些对象时，这些对象就会发生改变。常用的鼠标操作有：

单击：按下鼠标左键，立即释放。

单击右键：按下鼠标右键，立即释放。

双击：快速的两次单击鼠标左键。

指向：不按下任何鼠标按钮，移动鼠标指针到某个位置。

拖拽：按住鼠标按钮时同时移动鼠标指针。

5. 窗口的组成

标题栏：位于窗口的顶部，一般为蓝色，主要用于显示窗口的名称。

菜单栏：默认情况下，菜单栏位于标题栏的下面，菜单栏中包含多个下拉菜单，每个下拉菜单中又包含多个菜单命令，菜单中可能包含子菜单。

工具栏：一般由一系列常用的命令按钮组成，用鼠标单击某个按钮即可执行相应的命令。

内容栏：显示工作对象或工作内容。

状态栏：位于窗口底部，主要用于显示当前操作所涉及对象的数目，大小及相关提示信息。

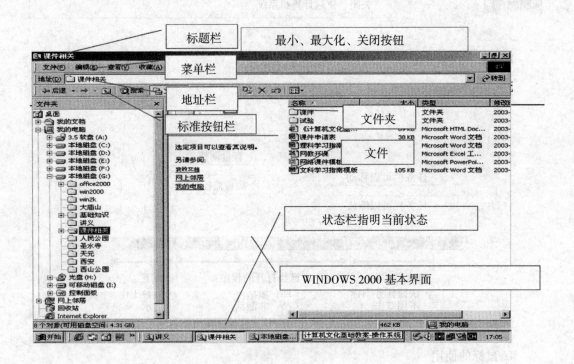

6. 菜单

菜单中命令的附带信息如下：

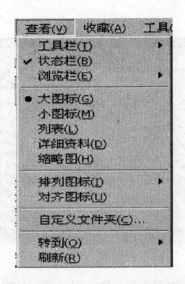

| 菜单项附带的符号 | 举　例 | 符号所代表的含义 |
| --- | --- | --- |
| 菜单后带省略号"…" | 选项(O)… | 执行菜单命令后将打开一个对话框，要求用户输入信息并确认 |
| 菜单前带符号"√" | √ 状态栏(S) | 菜单选择标记，当菜单前有该符号时，表明该菜单命令有效。如果再用鼠标单击，则消除该标记，该菜单命令项不再起作用 |
| 菜单前带符号"●" | ● 详细资料(D) | 在分组菜单中，菜单前带有该符号，表示菜单项被选中 |
| 菜单后带符号"▶" | 新建(N) ▶ | 表示该菜单有级联菜单，当鼠标指向该菜单项时，弹出下一级子菜单 |
| 菜单颜色暗淡时 | 删除(D) | 表示该菜单命令项暂时无效，不可选用 |
| 菜单带组合键时 | 全选(L) Ctrl+A | 表示该菜单项有键盘快捷方式，按组合键时可直接执行相应命令 |

菜单操作：

（1）打开菜单

控制菜单，鼠标点击按钮或右键单击标题栏。

菜单栏上菜单，鼠标单击菜单名或 Alt 和菜单名右边的英文字母。

快捷菜单，用鼠标右键单击对象，即可打开包含作用于该对象的常用命令的快捷菜单。

（2）消除菜单：单击菜单以外的地方或按 ESC 键。

### 7. 对话框

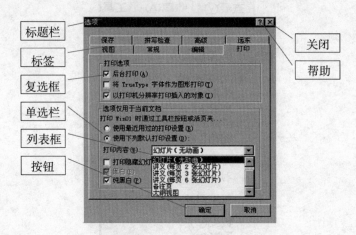

### 8. 剪贴板

剪贴板（Clip Board）是内存中的一段公用区域，利用剪贴板可以在应用程序内部或在多个应用程序之间交换数据。

对剪贴板的操作主要有三种：

（1）"剪切"（Cut）：Ctrl + X（快捷键）。

（2）"复制"（Copy）：Ctrl + C。

（3）"粘贴"（Paste）：Ctrl + V。

### 实训操作

1. 打开、关闭、最小化、最大化、还原窗口操作

可以双击图标打开窗口，也可以用鼠标右击打开快捷菜单。

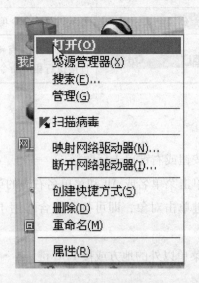

可以单击标题栏右上角的窗口控制按钮进行操作。

可以单击标题栏左上角的窗口控制菜单操作。

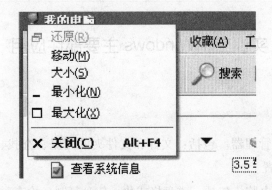

也可以右击任务栏中相应的图标来进行操作。

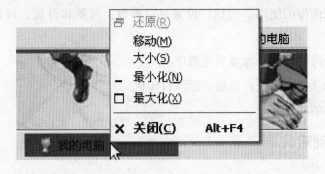

2. 调整窗口大小、移动窗口操作

把鼠标移动到窗口的边缘，当鼠标改变为"↘"、"↕"、"↔"形状时即可进行窗口大小改变。

将鼠标移动到窗口的标题栏，拖动，就可以实现移动窗口操作。

## 实训问答

1. 正确的启动方法是怎样的？

打开插线板开关—打开外设电源—打开主机电源开关—等待—输入用户名密码—进入。

这样的启动方法可以保证计算机各个部件都能安全运行，延长他们的使用寿命。

2. 到底什么是桌面？

桌面既是我们进入 Windows 以后看到的画面，它包含了图标，开始按钮，任务栏等元素。

3. 窗口与对话框的区别有什么？

对话框不能调整大小，弹出对话框后，必须先完成对话框的操作，才能在执行其他命令。

# 实训二　Windows 主要部件应用

## 实训目标

1. 学会使用资源管理器。包括：文件和文件夹的浏览、查找、移动、复制、删除和重命名，属性的设置。

2. 能够叙述我的电脑。包括：磁盘格式化、软盘复制、检查磁盘空间、修改卷标。

3. 学会使用回收站。包括：恢复、删除回收站中的文件，清空回收站。

4. 学会控制面板的使用。包括：设置显示参数：背景和外观、屏幕保护程序、颜色和分辨率。

5. 添加、删除硬件；添加或删除程序。

6. 添加、删除输入方法；添加、删除打印机。

7. 附件工具的使用。

## 实训基础知识

### 一、文件及文件系统的层次结构

1. 文件的概念

一般是指存放在某种外部存储介质（如软盘、硬盘、光盘等）上的具有名字的一组相关信息的有序集合。从操作系统的角度而言，计算机的硬件设备也称为文件，如显示器和打印机称为输出文件、键盘和扫描仪等称为输入文件。操作系统对计算机设备的管理是以文件为单位的。

2. 文件系统的树形结构

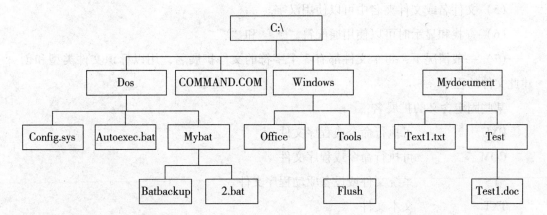

3. 文件的路径

所谓文件的路径是指查找某一文件（文件夹），所经过的途径，它是由磁盘、文件夹名和分隔符（\）组成一个序列。路径一般分为绝对路径和相对路径。

绝对路径是指从根目录出发直达文件的一条路径。绝对路径以"\"开头，如\My document \ Test \ Test1. doc。

相对路径是指从当前目录出发抵达文件的一条路径，如 Mybat \ 2. bat。

4. 盘符

对于软盘，操作系统规定用"A："和"B："作为盘符；对于硬盘用"C：""D：""E："等来作为盘符。

5. 文件属性

（1）系统属性：具有系统属性的文件，属于某些专用的系统文件，用户不能设置。

（2）隐藏属性：用于阻止文件在列表时显示出来。

（3）只读属性：用于保护文件不被修改和删除。

（4）存档属性：一般新建或修改后的文件都具有此属性。可以进行修改、更名、删除和拷贝等操作。

改变文件属性的方法：右击文件，在快捷菜单中选择属性，按要求修改后，确定。

6. 文件和文件夹的命名

主文件名〔. 扩展名〕。

7. Windows 文件和文件夹的命名约定

（1）包含驱动器和完整路径信息最多可以有 255 个字符。

（2）文件名或文件夹名中可以包含空格，但不能使用 \ 、／、＊、?、"、< 、> 、:、| 这9个字符。

（3）文件名中允许使用多个间隔符的扩展名。

（4）文件名或文件夹名不区分英文字母大小写。

（5）文件名或文件夹名中可以使用汉字。

（6）查找和显示时可以使用通配符"＊"和"？"。

（7）一般情况下，每个文件都有 3 个字符的文件扩展名，用以标识文件类型和创建此文件的程序。

某些固定含义的扩展名：

| | |
|---|---|
| EXE | 可执行命令或程序文件 |
| COM | 可执行命令或程序文件 |
| SYS | 系统文件或设备驱动程序文件 |
| TXT | 文本文件 |
| DOC | Word 文档文件 |
| HLP | 帮助文件 |
| GIF | 图形文件 |
| OBJ | 汇编程序或高级语言目标文件 |

8. Windows 文件名转换为 DOS 文件名时的规则

（1）如果长文件名有多个小数点"."，则最后一个小数点后的前 3 个字符作为扩展名。

（2）如果主文件名小于或等于 8 个字符时，则可以直接作为短文件名，否则选择前 6 个字符，然后加上一个"～"符号，再加上一个数字。

（3）如果长文件名中包含 DOS 文件命名约定中非法的字符（如空格），则在转换过程中将这些字符去掉。

9. 文件、文件夹和快捷方式的图标

（1）常见文件图标及其类型如下：

| 图　标 | 类　型 | 图　标 | 类　型 |
|---|---|---|---|
| | 我的电脑 | | 字体文件 |
| | 超文本文件 | | 系统信息文件 |
| | 回收站 | | DOS程序 |
| | 光盘驱动器 | | DOS可执行文件 |
| | 硬盘驱动器 | | Word文件 |
| | 软盘驱动器 | | Excel文件 |
| | 文本文件 | | DOS批处理文件 |
| | 未知类型文件 | | 位图文件 |

（2）文件夹——磁盘上保存文件的位置：

　表示未打开的文件夹　　　　　表示已经打开的文件夹

（3）快捷方式是一个很小的文件，其中存放的是一个实际对象（程序、文件或文件夹）的地址。快捷方式图标的左下角有一个黑色弧形箭头作为标志。

Windows 优化大师　酷我音乐盒　千千静听

10. 启动与退出应用程序

双击快捷方式启动。

右击图标，打开快捷菜单，选择打开，启动程序

按"Alt＋F4"键，就可以关闭当前窗口并退出应用程序。

选择"文件"—"退出"命令。

用鼠标单击应用程序窗口右上角的关闭按钮。

二、资源管理器的使用

1. 启动资源管理器

方法1：打开"开始"菜单，在"程序"的"附件"中单击"Windows 资源管理器"。

方法2：在"开始"按钮上单击鼠标右键。

方法3：在桌面"我的电脑"图标上单击鼠标右键。

2. 资源管理器的窗口组成

3. 显示或隐藏工具栏

单击"查看"菜单，指向"工具栏"，显示"工具栏"子菜单。

4. 移动分隔条

移动分隔条可以改变左、右窗格的大小，方法是用鼠标拖曳分隔条。

5. 浏览文件夹中的内容

左窗格：文件夹树窗格。

文件夹的左边有一个方框，其中包含一个加号"＋"或减号"－"，表示此文件夹下包含子文件夹。

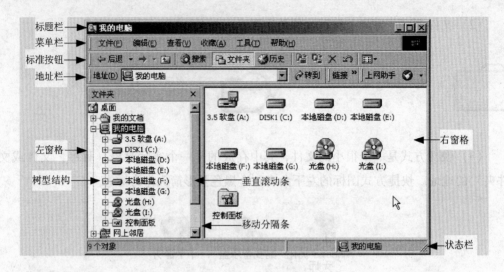

当单击加号"＋"的方框时，就会展开该文件夹。

当单击减号"－"的方框时，就会折叠该文件夹。

右窗格：当在左窗格中选定一个文件夹时，右窗格中就显示该文件夹中所包含的文件和子文件夹。

6. 改变文件和文件夹的显示方式

在文件夹窗口中，选择"查看"，选取要使用的显示方式。

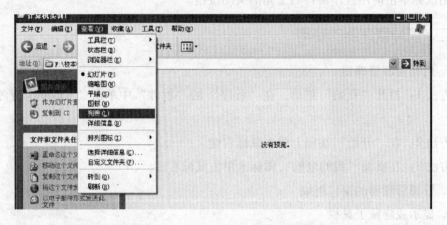

| 命　　令 | 显示方式 |
|---|---|
| 小图标 | 大图标方式显示 |
| 小图标 | 以多列方式排列显示小图标 |
| 列表 | 以单列方式排列小图标 |
| 详细资料 | 显示文件和文件夹的名称、大小、类型、最后修改日期和时间 |
| 缩略图 | 以缩略图的方式显示大图标 |

7. 选定文件或文件夹

（1）选择单个文件或文件夹：单击要选择的文件或文件夹。

（2）选定多个文件或文件夹的方法。

①全部选定："编辑"菜单中"全部选定"命令（或 Ctrl + A）。

②选定不连续分布的文件或文件夹：按住 Ctrl 键，用鼠标单击每一个要选定的对象。

③选定连续分布的文件或文件夹：先单击第一个要选定的对象，然后按住 Shift 键，单击要选定的最后一个对象。

④反向选择文件夹或文件。

8. 文件或文件夹的查找、移动、复制、新建、删除、重命名、更改属性

（1）查找

通配符的使用：Windows 中的通配符主要有两种，分别是"＊""？"。

两种通配符的使用方法为：

"？"：表示符号位置可以用任意一个字符代替，如"a？.txt"表示以"a"开头，第二个字符任意，主文件名长度为两个字符，且扩展名".txt"的文件。

"＊"表示该符号可以用任意多个字符代替，可替代的字符个数不限制，如"a＊.txt"表示主文件名以"a"开头，其他字符任意，且扩展名为".txt"的所有文件。

我们可以使用通配符来查找相应的文件或者文件夹，比如我要在电脑中查找主文件名第二个字符是"t"，扩展名为".txt"的所有文件。那么，具体操作如下：

单击"工具栏"中的"搜索"按钮。

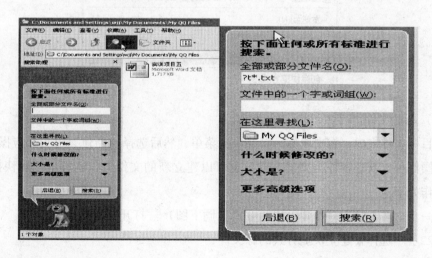

在搜索文件名中输入"？t＊.txt"

单击搜索，完成操作

（2）移动文件

用鼠标直接拖动至目标文件夹。

或者，选中想要移动的文件或文件夹，同时按下"Ctrl + X"进行剪切操作，然后打开目标文件夹同时按下"Ctrl + V"进行粘贴操作。

（3）复制文件

选中想要复制的文件或文件夹，同时按下"Ctrl + C"进行复制；或者右击该文件或文件夹，打开快捷菜单，然后选择复制。

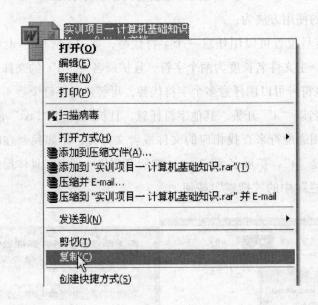

（4）新建文件

在目标文件夹内，右击鼠标，打开快捷菜单，然后选择"新建"进行相应操作。

此操作可以新建各种类型的文件，也可以建立新的文件夹，还可以创建快捷方式具体操作如下：

第一步　右击鼠标—新建—快捷方式（同下图）—打开对话框；

第二步　选择要建立快捷方式的源文件；

第三步　写入快捷方式的名称；

第四步　完成。

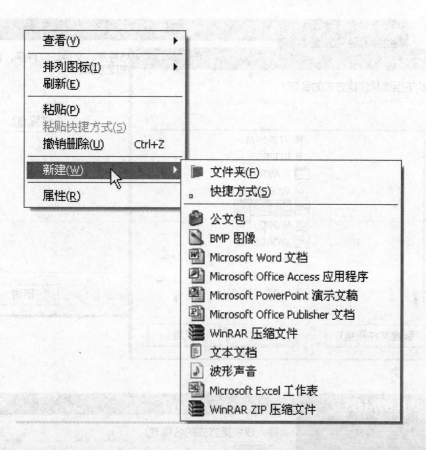

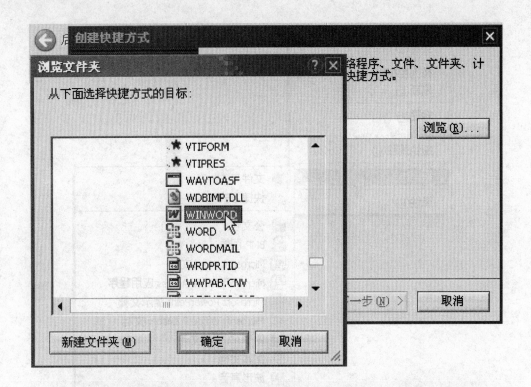

说明：快捷方式的建立除了上面的方法外还有其他的方法，学生可根据自己学习情况能够叙述一种即可。

快捷方式的创建方法二：右击要创建快捷方式的文件，在打开的菜单中选择："发送到（N）"—"桌面快捷方式"；在桌面中找到建立的快捷方式图标，将其复制到要创建快捷方式的文件夹中，然后更名即可。这种方法最快也不易出错。

快捷方式的创建方法三：右击要创建快捷方式的文件，在打开的菜单中选择：复制；打开要建快捷方式的文件夹中，然后右击选择"粘贴快捷方式"。然后再更名。

（5）删除

删除文件或文件夹直接按下键盘上的 Delete 键即可，也可以右击相应文件或文件夹，打开快捷菜单选择删除操作。

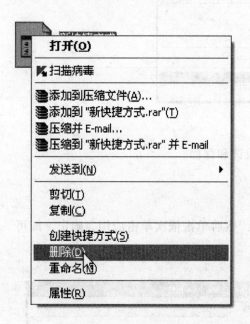

上述两种方法都会将目标放入回收站，而如果选中目标文件或文件夹，然后直接同时按下"Shift + Delete"组合键，就会将目标直接从计算机中删除，无法恢复，慎用！

（6）重命名

右击图标，打开快捷菜单，选择重命名，然后输入文件名完成操作。重命名的快捷键是 F2，可直接选择文件，按 F2 键输入新名称即可。

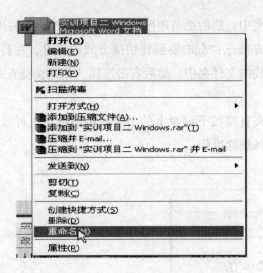

（7）更改属性

磁盘文件可以有4种属性：系统、隐藏、只读和存档。

操作方法如下：

右击文件图标，打开快捷菜单，选择属性。

打开属性对话框，根据要求选择文件属性，然后单击依次单击应用，确定，即可完成操作。

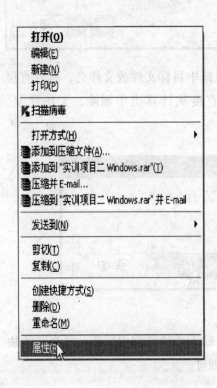

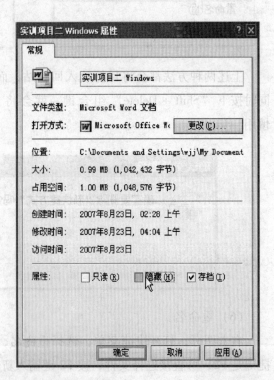

### 三、我的电脑

我的电脑是计算机中所有文件，文件夹存放的地点，它就相当于整个大树的树根。有关我的电脑的操作有以下几个方面：

#### 1. 磁盘格式化

当计算机中的磁盘空间已满，同时，其中的文件已没有用处的时候，我们可以选择进行磁盘格式化操作。另外，当重装系统或者系统被严重损坏的情况下，也可以选择磁盘格式化操作。

一旦进行了格式化，那么该磁盘中所有文件将被删除，无法恢复。具体操作如下：

右击需要格式化的磁盘，打开快捷菜单，选择格式化菜单。

打开格式化对话框后，选择合适的文件系统单击开始。

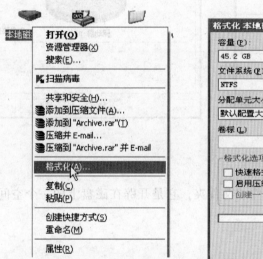

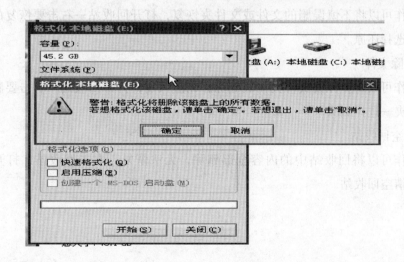

2. 检查磁盘空间

通过这个操作可以查看磁盘的可用容量，具体操作如下：

右击所需查看的磁盘，打开快捷菜单，选择属性即可查看。

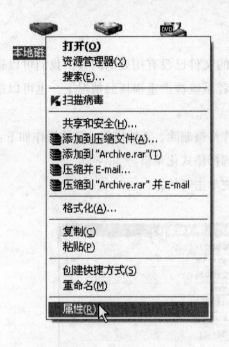
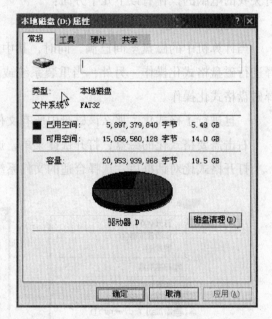

## 四、回收站

回收站是暂时存放删除的文件或文件夹，它是开辟在磁盘上的一个空间，里面的内容会占据一定的磁盘容量。

有关回收站的操作如下：

1. 恢复文件

此操作可以将不慎误删的文件或文件夹恢复，打开回收站—右击要恢复的文件或文件夹—选择还原。

2. 删除文件

此操作可以将文件或文件夹彻底删除，无法恢复，打开回收站—右击要删除的文件或文件夹—选择删除。

3. 清空回收站

此操作可以将回收站中的内容全部删除，无法恢复，右击回收站，打开快捷菜单—选择清空回收站。

## 五、控制面板

控制面板用于管理和维护计算机系统的硬件和软件，是 Windows 中的一个系统工具，用户通过它对 Windows 做一些重要的系统设置。它由一组工具程序组成如下图，包括系统打印机、鼠标、键盘、区域选择和电源选项等许多程序，用户可以使用这些程序根据自己的需要来配置系统，使计算机更好地为自己服务。

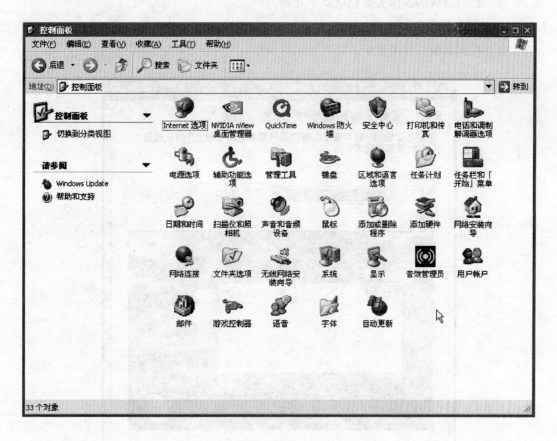

启动控制面板的方法：单击开始—选择设置—控制面板。

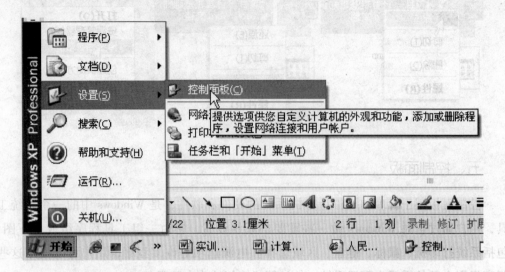

对于控制面板的操作主要包括以下几种：

1. 显示参数设置

打开控制面板—双击显示，打开显示对话框。

### 2. 桌面背景

可以更改桌面的背景效果。

### 3. 屏幕保护程序

当较长一段时间没有任何操作的时候，屏幕上的图像将处于静止状态，这种静止对显示器有一定的损坏，此时系统可自动启动屏幕保护程序，从而有效地保护显示器。

**4. 桌面外观**

可以改变的外观对象主要是桌面与窗口，可以对它们进行重新配色和文字格式设置。

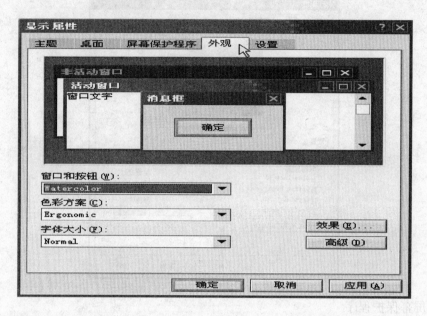

**5. 分辨率**

分辨率越高桌面上客房的元素也就越多，同一个图像就越小，分辨率越高图像越清晰。

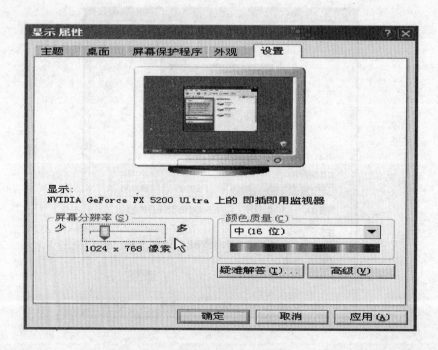

6. 添加/删除硬件

如果计算机新添加了某个硬件设备，或某个硬件已经从计算机中卸载，可以通过"控制面板"中的"添加/删除硬件"来完成。

驱动程序的更新或安装，也可以通过"控制面板"中的"系统程序"来完成。

7. 添加/删除程序

打开控制面板—双击添加/删除程序图标。

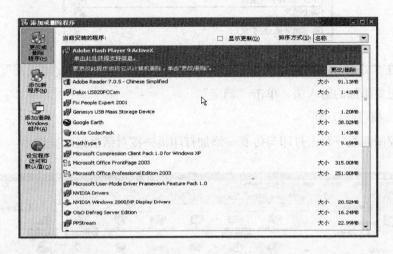

8. 添加/删除输入法

（1）单击"开始"按钮，指向"设置"，单击"控制面板"，在"控制面板"中，双击"区域选项"图标；

（2）在"区域选项"对话框中，单击"输入法区域设置"选项卡；

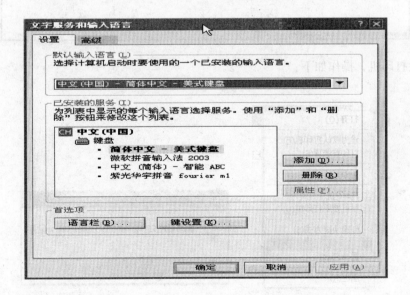

（3）在"输入法区域设置"选项卡上，单击"添加"，打开"添加输入法区域设置"对话框；

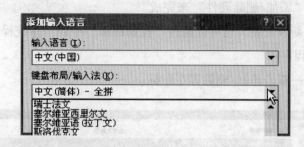

（4）在"添加输入法区域设置"对话框中，单击"键盘布局/输入法"下的列表框，选择想要添加的输入法，单击"确定"。

9. 添加/删除打印机

打开控制面板—双击打印与传真—添加打印机—按对话框提示操作。

删除打印机，操作如下：

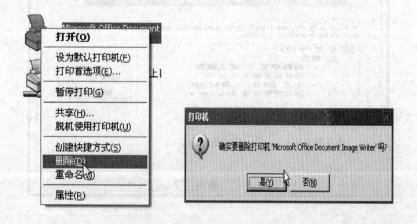

### 六、附件的使用

Windows 中的附件是一个使用程序工具，它包含了一些功能强大的程序，如画图、计算器、记事本、写字板等。我们这里主要介绍画图程序的使用，其他的应用程序的操作基本相似，大家可以自学。

画图是系统为用户提供的一个简单的图形处理程序，用它可进行图形制作，绘制简单的图形、标志和示意图，还可对图形进行编辑。制作的图形可以用黑白或彩色方式保存，以位图格式（.bmp）存在。

打开程序界面

 ![实训作业图标] **实训作业**

1. 认真阅读理论题部分一、二、三，这些部分是本次考试理论中的重点。
2. 针对以往考试内容练习相应模块。

# 项目三　Word 2003 文字处理软件

Word 2003 作为 Office 2003 套装组件之一，具有强大的文字处理功能和易学易用、图文混排等特点，同时也拥有强大的网络功能，成为当今最受欢迎的文字处理软件之一。其主要功能有文件管理功能、文字编辑功能、表格处理功能、图形处理功能、支持因特网功能、其他功能（拼写检查、自动更正、自动格式、边框底纹、即点即输等）。

## 实训一　文字编辑的基本操作

### 实训目标

1. 能够讲述 Word 2003 启动和退出方法。
2. 能够叙述 Word 2003 文档的建立、打开、保存和关闭及重命名。
3. 会对文字进行修改。
4. 能够叙述字符的查找和替换方法。

### 实训基础知识

#### 一、Word 2003 的启动

启动方法

方法一：单击"开始"—"程序"—"Microsoft Offiec Word 2003"，此时启动 Word 2003 并新建一个新的 Word 文档。

方法二：双击要打开的 Word 文档，此时可启动 Word 2003 并打开此文件。

方法三：单击"开始"—"运行"，在对话框中输入"Winword"后按"确定"。

#### 二、文档操作

（1）文档的建立：用上述方法一、三启动 Word 后自动建立一个新的文档。也可在已打开的文档窗口中，单击"文件"—"新建"或直接在工具栏上单击"新建"按钮。

（2）打开文档：双击要打开的文档或在 Word 窗口中选择"文件"—"打开"也可以直接单击工具栏中的"打开"按钮。

（3）保存、另存和关闭文档：编辑好的文档必须存盘，以后才能使用。当一文档修改完成后，要即时地保存文档，以免丢失（注：考试中完成操作后一定要保存）。

①首次被保存的新文档：选择"文件"菜单下的"保存"或按"Ctrl + S"，打开"另存为"对话框。

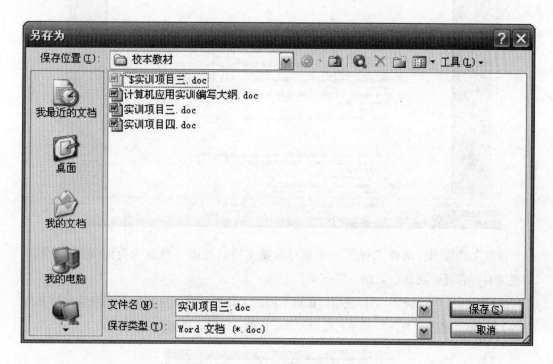

对话框的最左侧的"位置栏"可以快速找到常用的文件夹；在"保存位置"下拉列表中可以选择常用文件夹或盘符；在文件名处输入或选择文件名称；在保存类型中选择合适的文件类型（Word 文档的扩展名为 doc）；单击"保存"按钮存盘，单击"取消"按钮不存盘返回编辑窗口。

②已保存的文档再存盘：若将已保存的文档换名或位置改变，则可选"文件"—"另存为"实现，其操作方法同上。

③同时保存多个文档：按住"Shift"键不放，选择"文件"下拉菜单中的"全部保存"命令。

文档的重命名：右击文档，在快捷菜单中选择"重命名"，输入新的文件名即可（注意扩展名 doc 不要变）。

## 三、视图操作

当打开文档或新建一个文档后，都会启动 Word 程序窗口，Word 窗口如下：

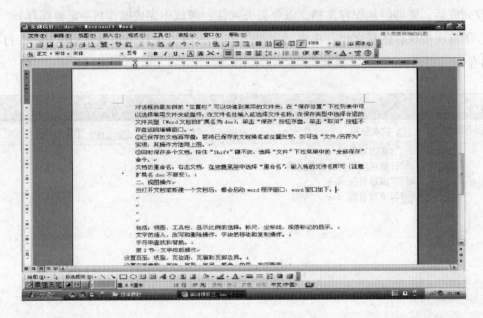

改变文档视图：选择"视图"菜单可改变文档的视图（默认为页面视图）。常用的视图有：普通、页面、大纲、Web 页。

"视图"—"工具栏"可以使窗口显示不同的工具栏（考试中要根据实际情况打开所需的工具栏）；通过"视图"菜单可以设置显示比例；标尺、坐标线、段落标记的显示。

## 四、字符的操作

输入、修改文本时注意以下几点：

（1）时刻注意插入点，改变插入点的方法可以用鼠标单击或方向控制键完成。

（2）Word 具有自动换行功能，当输入到右边界时系统会自动换行，当一个段落结束时按"回车"，这时显示一个段落标记，若需要在一个自然段内强行换行，可按"Shift + 回车"。

（3）插入和改写状态可由键盘上的"Insert"键实现。通过状态栏中的"改写"标签可以判定当前的插入或改写状态。（"改写"为黑色时为改写状态，为灰色时为插入状态）

文字的插入：将改写状态设置为"插入"（"改写"为灰色），单击或移动光标将插入点移至要插入的位置，输入新的内容。

文字的删除：按"退格键"删除光标前一个字符，按"Delete"键删除光标后一个字符，若要删除多个字符，可先选中多个字符（字块）后按"Delete"键。

字块的选择：用鼠标拖动的方法可以选中一个连续的字块，或将光标移动字块开始（结束）按"Shift"单击字块结束（开始）。若要选中一个矩形区域，可用"Alt" + 拖动的方法。

字块的移动和复制：

移动字块：选中要移动的字块，单击"剪切（Ctrl + X）"，将光标移动到目标处，按"粘贴（Ctrl + V）"。或直接将字块拖动到目标处（这种方法只适用于在同一个文档内移动字块）。

复制字块：选中要复制的字块，单击"复制（Ctrl + C）"，将光标移动到目标处，按"粘贴（Ctrl + V）"。或按下"Ctrl"键不放，拖动字块到目标处。

查找和替换：

查找功能可在指定字块（整篇文档）中快速查找单个字符、多个字符、特殊字符（如段落标记符、制表符）。

（1）查找字符：选择"编辑"—"查找"，打开"查找和替换"对话框。

在查找内容处输入要查找的内容，搜索范围可选择"全部""向下""向上"。单击"查找下一处"可找到文本并以反相显示。

在选项中可以选择：

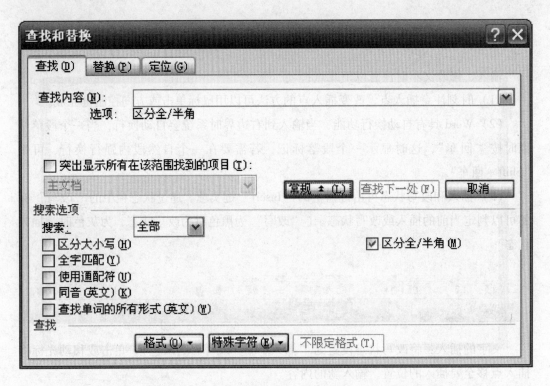

①区分大小写。这时查找内容中的大小写字母被认为是不同的字符。

②全字匹配。搜索到的字必须为完整的词，而不是长单词的一部分。（如要查找"learn"，不要找到"learning"）

③使用通配符。Word 中有两个通配符"＊"和"？"。"？"代表任意一个字符，"＊"代表任意多个字符。如在查找内容中输入"s？t"，可查到 set、sit、sat 三个字符的内容。若输入"S＊t"，可查到 sit、sat、seat 等第一个为 s 最后一个字符为 t 的任一长度的字符串。

④同音。可查找读音相同的单词。

⑤查找单词的所有形式。查找单词中的各种形式，如动词的进行时，过去时、名词的复数形式。

⑥单击"格式"按钮。可按字符格式进行查找。

⑦特殊字符。可查找特殊字符如回车符、制表符、手动换行符等。

（2）替换。

替换操作用于在当前文本中搜索到指定文本，并用其他文本将其替换。

选择"编辑"—"替换"可打开"替换"对话框（同查找对话框）。在查找位置输入要查找的内容，在替换为输入要替换的内容，单击"查找下一处"可进行查找，单击"替换"可进行替换，单击"全部替换"则无选择地对搜索到的文本全部替换。

⊕ **实训实例指导**

　　打开 Wordkt 文件夹下的 word1.doc 文件，按如下要求进行编辑（2006 年）：

　　（1）使用"查找与替换"方法，将"4.1.1 多媒体技术的基本概念"小节中全角左右的括号全部改为半角红色括号。

　　（2）将"4.1.1Windows98 的主要功能及特点"小节中题序编号 1.2 的两段对调位置，并修正题序编号。

　　（3）将编辑后的文件先在原文件的保存位置进行保存，然后将"4.1.1Windows98 的主要功能及特点"小节以文件名"W1.doc"，另存到考生文件夹下。

　　操作方法：

　　①利用资源管理器（或我的电脑）打开考生文件夹下的 Wordkt 文件夹，找到并双击 word1.doc 文档。

　　②选中 4.1.1 小节中的全部字符，选择"编辑"—"替换"命令，打开替换对话框。

　　③启动汉字打开汉字输入框将符号状态变为"全角"或"中文标点符号"，在查找内容处输入"（"，将输入状态框变为"半角""英文标点符号"，在"替换为"处输入"（"，单击格式按钮，选择"字体"在字体对话框中将颜色改变为"红色"，确定返回替换对话框。单击"全部替换"。当出现"是否替换其他部分"时，单击"否"。

　　④用同样的方法将全角"）"替换为半角的"）"。

　　⑤选中题序编号"（1）"中的全部内容，拖动到"（3）"小节前放开，然后将"（1）"修改为"（2）"，"（2）"修改为"（1）"。

　　⑥选中 4.1.1Windows 98 的主要功能及特点"小节内容，按 Ctrl + C 复制，单击"新建"按钮新建一空文档，按 Ctrl + V 粘贴，单击"保存"按钮，在保存对话框中文件名输入"w1"，确定。

👥 **实训问答**

　　1. 文档中如何进行插入新行、删除行、断行、接行操作？

　　插入新行：将光标移到要目标处，按"回车"。

　　删除空行：将光标移到要删除的空行前，按"Delete"键。

　　断行：将光标移到要断行的位置，按"回车"。

　　接行：将光标移到后一部分前，按"退格键"，或光标移到前一部分尾处，按

"Delete" 键。

2. 保存和另存为有什么不同？

保存是现有的文档内容按原名原位置保存，不会弹出对话框，另存为是将现在的文档以其他文件名保存或改变保存位置，这时会打开"另存为"对话框。如果新文档第一次保存也会出现"另存为"对话框。

3. 用 Word 如何打文本文件（txt 文件）？

启动 Word 软件，选择"文件"—"打开"，在打开对话中将文件类型改为"所有文件"或"文本文件"，在文件位置处找到要打开的文件位置，选中后确定。

4. 如何将一个文件插入到当前文档中来？

将光标移到要插入的位置，选择"插入"—"文件"，在出现的对话框中找到要插入的文件后确定。

5. 什么是全角和半角，它们如何切换？

计算机中字符全角占两个字节，半角占一个字节。半角全角主要是针对标点符号和字母来说的，全角标点和字母占两个字节，半角占一个字节，而不管是半角还是全角，汉字都还是要占两个字节，在英文输入状态下是半角输入状态；在中文输入状态下，它们的情况会被显示在输入法提示栏里，比如在智能 ABC 的提示栏中有相应按钮供转换，其形状为"半月"的是半角，"圆月"的是全角，我们可以通过用鼠标点击或快捷键 Shift + Space 进行两者间的切换来区分什么是全角和半角。

6. 如何实现将文档中的"河南省""河北省"全部替换为"北京市"？

利用"编辑"菜单下的替换命令可以实现，具体操作是在查找内容中输入"河？省"，在替换为处输入"北京市"，替换即可。

## 🛠 实训巩固

打开 Wordkt 文件夹下的 Word1. doc 文件，按如下要求进行编辑（2006 年）：

（1）使用"查找与替换"方法，将"4. 1. 1 Windows 98 的主要功能及特点"小节中出现的大写英文字母 W，一律改为蓝色、加粗、四号字。

（2）将该小节"2. 多媒体的关键技术"一段中，编号（3）为的小段移动到小段的前面，并修正题序编号。

（3）先将编辑后的文件在原文件存盘，然后将"4. 1. 1 Windows 98 的主要功能及特点"小节以文件名"W1. doc"，另存到考生文件夹下。

（4）插入文件。将 Wordkt 文件夹下的 worda2. doc 文件插入到 worda1. doc 文件的尾部，并重新调整相应的序号。

（5）查找与替换。将所有"多美体"改为"多媒体"；

将所有"图象"改为"图像"；

将编辑后的文档以文件名"wa1.doc"，另存到 Wordkt 文件夹中。

# 实训二　文字排版操作

## 实训目标

1. 能够叙述页面操作的基本设置。
2. 能够叙述字体格式、段落格式的设置。
3. 能够讲述分栏、脚注、尾注设置方法。
4. 能够设置页眉页脚及项目编号的设置。

## 实训基础知识

### 一、页面的基本设置

1. 设置纸张大小、页边距

选择"文件"—"页面设置"，打开"页面设置"对话框，在"纸张"标签中从下拉列表中选取所需的纸张大小或选取"自定义"输入宽度、高度值。

选择页边距标签，输入所需的上下左右边距值。

2. 插入脚注和尾注

插入/引用下脚注、尾注。在对话框中选择位置、格式、应用范围后，输入内容。删除脚注尾注的方法，将光标放于标识前按"Delete"。

3. 插入页眉页脚

选择"视图"—"页眉页脚"，输入页眉内容，通过"页眉页脚"工具栏，可切换到页脚处输入页脚内容，也可以通过"页眉页脚"工具栏进行页码的插入，格式设置。

4. 项目编号的设置

选中要设置项目编号的段落，选择"格式/项目符号和编号"，在对话框中选择项目符号的图形和编号的序号。

5. 分栏操作

选中要分栏的内容，选择"格式"菜单下的分栏，在对话框中选分栏类型，栏宽间距等。

## 二、格式设置

1. 字符格式的设置

字符格式包括字体、字形、字号、颜色、效果、字间距等。

设置方法：选中要设置的字块，单击"格式"工具栏中相应的按钮或下拉菜单，进行选择，或选"格式"菜单下"字体"，在字体对话框中，可对字体、间距、效果进行设置。

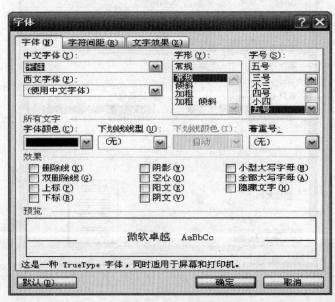

2. 段落格式设置

设置段落参数有各种缩进参数、段前距、段后距、行间距、对齐方式等。

操作方法：选中要设置格式的段落（若只有一个段落将光标置于其中任一位置），选"格式"菜单下"段落"，打开段落对话框进行设置。

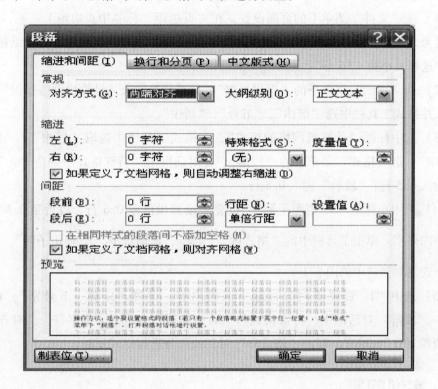

 实训实例指导

打开 Wordkt 文件夹下的 Worda. doc 文件，按如下要求进行编辑、排版（2006 年 a）：

（1）页面设置：页边距上、下、左、右均为 2 厘米，页眉、页脚均为 1 厘米，纸型为 16 开。

（2）设置页眉：在页眉输入文字"计算机网络知识"，格式为楷体，五号，居中。

（3）排版。

①将文章标题"计算机网络的组成"设置为首行无缩进，居中，黑体，三号字，段前 0.5 行，段后 0.5 行。

②将小标题（1. 资源子网 2. 通讯子网）设为：段前距 0.6 行、段后距 0.3 行，黑体、小四号字。

③其余部分（除标题及小标题以外的部分）首行缩进 2 字符，两端对齐，宋体、五号字。

操作要点：

打开考生文件夹下 Wordkt 中的 worda. doc。

（1）选"文件"菜单下的页面设置，在"页边距"标签中页边距上、下、左、右均设置为 2 厘米，在"版式"标签中，将页眉、页脚均设置为 1 厘米，在"纸张大小"标签中选择大小为"16 开"。

（2）选"视图"菜单下的"页眉页脚"，在页眉处输入"计算机网络知识"，将其选中，在格式工具栏中选"楷体"，"五号"，"居中"。

（3）选中标题"计算机网络的组成"，在格式工具栏中选取"居中"、"黑体"、"三号字"；选"格式"菜单下的"段落"，在对话框中"特殊格式"处选"无"，"段前"输入 0.5 行，"段后"输入 0.5 行。

（4）选中小标题"1. 资源子网"，按要求设置段前距 0.6 行、段后距 0.3 行，黑体、小四号字。单击工具栏中的"格式刷" ，拖动选中"2. 通讯子网"，可将前面的格式复制到选中的内容上。

（5）选中"1. 资源子网"标题下面的内容，设置"宋体、五号字"，在"格式"—"段落"对话框中，特殊格式选"首行缩进"度量值：2 字符，"对齐方式"选"两端对齐"，确定。双击"格式刷"对其他部分进行格式复制。

## 👥 实训问答

1. 字符格式的设置常用的方法有几种？

一般有两种方法：工具栏的方法和菜单方法。工具栏的方法是在格式工具栏中可以通过一些命令按钮实现对选中字符进行操作，但工具栏中的命令只是一些主要的操作，其他格式设置还要用菜单方法，通过菜单中的"格式"下的"字体"或"段落"可以对选中文本进行全面的设置。

2. 格式栏中的"格式刷"有什么作用？

"格式刷"的作用是将已设置好的格式复制到其他文本中，主要用于格式相同但不连续多处文本，可以快速完成格式设置。

3. 分栏可以使整个文档按要求分栏，若将文中的一部分进行分栏（其他部分不变）如何实现？

首先在要分栏的内容尾部插入一连续分节符（"插入"—"分隔符"）。其次再进行分栏。

### 实训巩固

1. 排版操作（2004 年 Word 操作 1）

创建新文档，将 wa1. doc 文件的内容复制到新文档中，并进行如下编辑：

（1）页边距：上、下、左、右均为 2 厘米，页眉、页脚距边界均为 1 厘米，页面 16 开纸；

（2）页眉文字："多媒体计算机应用知识"，楷体，五号，居中。

（3）将文章表体"多媒体计算机应用知识"设置为首行无缩进、居中，黑体，三号，段前距 0.5 行，段后距 0.5 行。

（4）将（1. …、2. …）五个小标题设置为首行无缩进，宋体，四号，加粗。

（5）文章的正文部分（除文章标题和五个小标题以外的部分），左右缩进 2 字符，首行缩进 2 字符，两端对齐，幼圆、五号字。

（6）将排版以后的文件以"wa2. doc"为文件名，另存到 Wordkt 文件夹中。

2. 排版操作（2004 年 Word 操作 2）

创建新文档，将 wb1. doc 文件的内容复制到新文档中，并进行如下编辑：

（1）页面设置：自定义页面 18×21 厘米；页边距：上、下、左、右均为 2 厘米。

（2）将"计算机的分类"作为标题，上下各插入一个空行；标题居中，采用三号、隶书、斜体；修饰为阳文、绿色。

（3）行距为固定值 22 磅。（大标题除外）

（4）各小标题［1. 个人计算机（Personal Computer，PC）、2. …、…、6. …］居中，楷体，加粗，四号，段前距 0.6 行，段后距 0.3 行。

（5）文章的其他部分（除标题和小标题以外的部分），左右都缩进 2 字符、首行缩进 2 字符，两端对齐，仿宋体、五号字。

（6）将排版以后的文件以"wb2. doc"为文件名，另存到 Wordkt 文件夹中。

## 实训三　插入表格操作

### 实训目标

1. 能够利用自动插入和手工方法制作表格。

2. 能够叙述表格的基本操作方法。

3. 能够熟练设置表格的边框、底纹设置。

4. 能够对表格中文本进行操作。

5. 能够讲述表格中公式的使用。

## 实训基础知识

表格经常用于组织和显示信息，表格由不同行列的单元格组成，可以在单元格中填写文字和插入图片，可以在表格内对数字对齐、排序和计算。

### 一、创建表格

有以下 3 种方法可以创建表格：

1. 使用常用工具栏快速创建表格

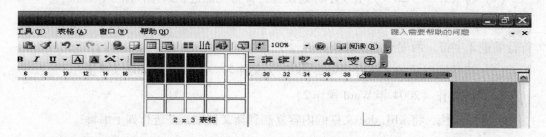

将光标定位于要插入表格的位置，单击常用工具栏中"插入表格"按钮，拖动鼠标选取所需的行和列，可以快速创建一个表格，此法最多可创建 18 行 12 列的表格。

2. 使用插入表格命令创建表格

将光标定位于要插入表格的位置，选择"表格"菜单下的"插入"—"表格"，在弹出的对话框中输入行数和列数，确定。

3. 手工绘制表格

手工绘制表格可使用"表格和边框"工具栏，打开"视图"下拉菜单，选择"工具栏"级联菜单下的"表格和边框"，这时窗口上出现"表格和边框"工具栏，选取"绘制表格"按钮，可以绘制表格，通过其他按钮可以对表格进行其他相关的设置。

（1）绘制斜线表头。将光标置于第一个单元格内，选择"表格"—"绘制斜线表头"，在弹出的对话框中选取所需的样式，字体大小以及表头内容文字，确定。

（2）调整表格。

①选中单元格、行、列。鼠标指向单元格的左边线，指针变为右向黑色箭头，单击鼠标左键，选中当前一个单元格，双击鼠标左键，选中当前行，三击鼠标左键，则选中整个表格。鼠标指向某列的顶部，指针变为向下的黑色的箭头，单击鼠标左键即可选中该列。

②选中多个连续的单元格。按住鼠标左键拖动，经过的单元格、行、列直至整个表格都可以被选中。

③选中整个表格。将插入点置于表格内任意位置，打开"表格"菜单下的"选定"下的"表格"命令。当鼠标移过表格时，表格左上角出现"表格移动控点"，单击该控点可选中整个表格。

用选中单元格、行、列的方法，也可以选中整个表格。

④插入行、列、单元格。

单元格的插入。选定相应数量的单元格，打开"表格"菜单，选择"插入"级联菜单下的"单元格"。弹出的对话框中选择相应的操作后，确定。

插入行、列。除用上述方法外，还可以如下方法：将插入点定位于要插入行、列的位置，打开"表格"—"插入"—"行（列）"。

在表尾快速插入行。将插入点放于表格的最后一个单元格内，单击 Tab 键可以表尾插入一空行。

⑤删除单元格、行、列。选择要删除的单元格（或行、列），打开"表格"下拉菜单，选择"删除"级联菜单下的"单元格"命令，在弹出的对话框中选择要操作的内容后确定。

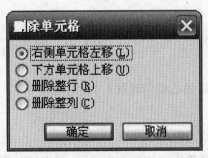

⑥改变行高和列宽。使用表格中行列边界线（不精确的调整行高、列宽），当鼠标移过单元格边线时，指针变为水平箭头的双竖线时，单击并左右拖动鼠标，这样可调整列宽，用同样的方法，也可以调整行高。

⑦使用表格属性对话框调整。

选中要调整的的行或列或单元格，也可以将插入点放置于表中任一位置，打开"表格"下拉菜单中的"表格属性"对话框。选定"表格"标签，可对表格进行设定，选定"行"标签可以对行进行设置，选择列标签，可对列进行设置，选定单元格或以单元格进行设置。（具体操作见对话框参数）。

⑧合并/拆分单元格。单元格的合并，选定要合并的单元格，右击在快捷菜单中选择"合并单元格"，或选择"表格"命令下的"合并单元格"，或选择"表格和边框"工具栏中的"合并居中"按钮。

单元格的拆分，选定要拆分的单元格，右击在快捷菜单中选择"拆分单元格"，或选择"表格"命令下的"拆分单元格"，在弹出的对话框中输入或选择拆分后的形成的行列数，单击确定。

## 二、单元格编辑

### 1. 文本的录入

每个单元格的内容可以看作是一个独立的文本，单击需要输入内容的单元格输入文本，文本的输入、移动、复制和删除与一般文本的修改方法相同。

### 2. 设置文本格式

选中要设置格式的单元格，使用格式工具栏或"格式"菜单下"字体"、"段落"对话框进行设置。

### 3. 设置表格风格（表格的边框和底纹）

操作方法：

（1）选定要填加底纹或边框的单元格。

（2）右击并选择快捷菜单中"边框和底纹"，弹出"边框和底纹"对话框。

### 4. 边框的设置

选择"边框"标签，在"位置"中选择一种边框，在"线型"列表中选择一种线型，在"颜色"下拉列表中选择一种边框颜色，在"宽度"下拉列表中选择框线宽度，在"预览"框的左侧、下侧单击需要设置的边框，在"应用范围"下拉列表中选择应用范围，单击确定。

5. 添加底纹

在"边框和底纹"对话框中，选择"底纹"标签，在填充栏内选择填充的颜色，在"图案"中选中填充的图案，在"应用范围"下拉列表中选择应用范围，单击确定。

(+) 实训实例指导

表格操作（2005 年 b）

创建新文档，制作一个 4 行 5 列的表格，按如下要求调整表格：

（1）第 1 列、5 列列宽为 3 厘米，其余列列宽为 2 厘米。

（2）所有行高固定值为 1 厘米。

（3）按表格样图所示，合并单元格，绘制斜线。

（4）最后将此文档以文件名"bgb. doc"另存到 Wordkt 文件夹中。

| | | | | |
|---|---|---|---|---|
| | | | | |
| | | | | |
| | | | | |

操作要点：

（1）单击"新建"按钮，建一新文档。

（2）打开"表格"—"插入"—"表格"，在对话框中输入行数 4 列数 5，确定。

（3）将鼠标移到表格顶部，当指针变为下箭头时，单击选中第一列，打开"表格"—"表格属性"，在对话框中选"列"标签。在指定宽度中输入"3"，单击"下一列"，输入"2"，重复上述操作，宽度分别输入"2""2""3"。

（4）单击"行"标签，在 1~4 行中输入行高"1"。

（5）选中第二行第三、第四单元格，右击在快捷菜单中选"合并单元格"，选中第五列前两个单元格，在快捷菜单中选"合并单元格"。

（6）画斜线，打开"视图"—"工具栏"—"表格与边框"，此时在工具栏上添加了表格工具栏，单击"绘制表格"工具，在第一单元格内画出一条斜线。或将光标置于第一单元格内，使用"表格"—"绘制斜线表头"，选择样式一，确定。

## 实训问答

1. 表格常用制作方法有几种？

一般有三种：①使用工具栏插入表格；②表格菜单插入表格；③手动绘制表格。

2. 表格工具栏在表格操作中经常使用，如何添加？

添加方法有两种：视图—工具栏—表格与边框；表格—绘制表格。

3. 使用表格工具栏为表格添加边线时，为什么有时不能添加上？

当我们为表格添加边线时，一般是选中要添加的表格，将表格与边框工具栏添加好，在工具栏中选择"线型"、"粗细"，然后"外边框线"下拉列表中选择要修改线的位置，假如当前就是要修改的位置，若重新选择即认为是取消。此种方法常用制作无边线表格。

4. 如何使表格中数据进行对齐操作？

表格中的数据根据实际经常要求数据进行居中，左、右对齐，靠上、下对齐等，要完成这种操作首先要添加"表格与边框"工具栏，然后选中要对齐的数据，在工具栏中选择对齐下拉列表，从中选出所需的对齐方式。

5. 如何将表格转换为文本或文本转换为表格？

将插入点置于表中任一位置，打开"表格"—"转换"—"将表格转换为文本"，弹出对话框中，在对话框中选中一个间隔符，确定，此时表格将转换为一个无线表。相反，也可以将一个无线表（文本，转换前要先选中）转换为表格，方法同上。

6. Word 中的表格中数值能否计算？

能计算，方法是将光标置于"结果"单元格，打开"表格"—"公式"，在弹出的对话框中输入所使用的"公式"。关于"公式"中的几点说明，公式中可以使用函数 sum（求和）、average（求平均）、max（最大值）、min（最小值）等，函数的数据范围 above（上方的数据）、left（左侧）、right（右侧）、down（下方）；如左侧数据求和公式中可写成：sum（left）。公式中也可以直接编写公式，如第一、二个单元格数据相加乘 30，可写成：（a1 + b1）* 30。

## 实训巩固

1. 表格操作（2005 年 e 卷）

建立一新文档，在新文档的起始位置制作一个 5 行 7 列的表格，按如下要求调整表格：

（1）第1列列宽为1厘米，其余列列宽为1.6厘米；

（2）所有行行高的固定值1厘米；

（3）按右表样式合并单元格；

（4）按表格样式绘制斜线表头，并设置1.5磅的粗表格线；

（5）最后将此文档以文件名"bge.doc"，另存到Wordkt文件夹中。

| | | | | | |
|---|---|---|---|---|---|
| | | | | | |
| | | | | | |
| | | | | | |

2. 表图操作（2004年3卷）

建立一新文档，在新文档的起始位置制作一个6行6列的表格，按如下要求调整表格：

（1）第1列列宽为3厘米，其余列列宽为1.5厘米；

（2）所有行的固定值1厘米；

（3）按下表样式合并单元格，设置2.25磅的粗表格线；

（4）绘制斜线表头，行标题为：产品，右对齐；列标题：季度，左对齐；

（5）将表格第1行的底纹设置为灰色 – 15%。

| 产品 季度 | | | | | |
|---|---|---|---|---|---|
| | | | | | |
| | | | | | |
| | | | | | |
| | | | | | |

# 实训四　图文混排操作

## 实训目的

1. 能够绘制各种自选图形。

2. 能够叙述插入剪贴画、图片文件、艺术字方法。

3. 能够叙述文本框的操作。

4. 能够叙述对象的对齐、组合和层次。

## 实训基础知识

### 一、插入图形

1. 插入剪贴画

（1）首先选定插入点。

（2）打开"插入"—"图片"—"剪贴画"。

（3）在剪贴画对话框中选中一个类别，从中找到所需的剪贴画，关闭窗口。

说明：剪贴画是 Word 自带的一些图像文件，不同的版本内容不同。图片文件是独立于 Word 的一些文件。

2. 插入图片文件

（1）首先选定插入点。

（2）打开"插入"—"图片"—"来自于文件"。

（3）在插入图片对话框中找出要插入的文件后双击或选中后确定。

3. 调整图片尺寸和位置

（1）图片位置。

①文档的层次。Word 将文档分为三个层：文本层、文本下层、文本上层。

②图片的位置。按文档的层次图片有三种状态；嵌入当前段落、浮于文字上方、衬于文字下方。嵌入图片和浮于文字上方及图片选中后的状态如下图：

（2）图片的缩放。

①用控制点缩放。

选中图片后，图片四周出现控制点，拖动控制点可以改变图片的大小。

②使用"图片格式"对话框（关于图片的一切操作都可以通过图片格式对话框

实现)。

打开图片格式对话框的方法：

方法一：单击"图片工具栏"（打开"视图"—"工具栏"—"图片"）上的"设置图片格式"按钮。

方法二：右击图片，在快捷菜单中选中"设置图片格式"命令。

方法三：选中图片，打开"格式"—"图片…"。

图片对话框的使用：

"大小"标签。可能设置图片的宽度和高度，以及缩放比例。

"颜色和线条"。可设置图形边框颜色和填充色。

"版式"标签。可设置图形的"环绕方式"、"图片的位置"、"图片的对齐方式"。

4．"绘图"工具栏的使用

利用绘图工具栏可实现绘制各种图形。

（1）显示"绘图"工具栏。

方法一：打开"视图"—"工具栏"—"绘图"。

方法二：右击工具栏，在快捷菜单中选中"绘图"。

（2）图形的绘制。

单击绘图工具栏中"自选图形"列表，从中选取一个类别，在类别中选中所需的图形，在工作区中拖动鼠标，可绘制出一个图形，单击选中图形，可以对其缩放，拖动"旋转点"（绿色点）可以对图形进行旋转。

（3）自制图形上添加文字。

选中并右击图形，在快捷菜单上选"添中文本"，输入文字（格式设置同普通文本）即可。

（4）插入艺术字。

打开"插入"—"图片"—"艺术字"或单击"绘图"工具栏中"插入艺术字"按钮。在弹出的对话框中选一效果、输入文字并设置大小和字体后确定。

（5）插入文本框。

打开"插入"—"文本框"，选择一种排列方式（横排、竖排）。

在工作区中拖动鼠标可画出一文本框，输入文本，字体格式设置同普通文本。

文本框的格式设置。选中文本框，打开"格式"—"文本框"。（内容设置同上述图形格式设置）

## 二、多个对象的操作

这里所指的对象是指可以插入的剪贴画、图片文件、自制图形、文本框、艺术字。

（1）一个对象的选中。单击对象，此时对象周围出现控制点。

（2）多个对象的选中。按住"Shift"键依次单击各个对象。

（3）对象的对齐。选定要对齐的对象，单击"绘图"工具栏上的"绘图"按钮，打开绘图菜单，在"对齐或分布"级联菜单中选择相应的命令。或在选定的对象中右击，在快捷菜单中选取"对齐或分布"级联菜单中选择相应的命令。

（4）对象的组合。选定要对齐的对象，单击"绘图"工具栏上的"绘图"按钮，打开绘图菜单，在"组合"级联菜单中选择相应的命令。或在选定的对象中右击，在快捷菜单中选取"组合"级联菜单中选择相应的命令。

（5）对象的层次调整。选中要改变层次的对象，打开"绘图"菜单，选择"叠放次序"级联菜单的相应命令，或快捷菜单中的"叠放次序"。

### ⊕ 实训实例指导

（1）（2004年1卷）插入艺术字："信息技术基础"：

艺术字库中一行三列的样式；

宋体、加粗、20 号字；

填充黄色、线条黄色。

（2）插入自选图形：

选自"星与旗帜"列表中的"爆炸型 2"：高度 6 厘米、宽度 9 厘米；

无线条色、填充红色；

置于艺术字下层。

（3）对艺术字和自选图形进行"对齐"（水平居中、垂直居中）后再进行"组合"操作。

（4）最后将此文档以文件名"wa3. doc"另存到 Wordkt 文件夹中。

操作方法：

（1）将光标置于要插入的位置，打开"插入"—"图片"—"艺术字"。

（2）在艺术字库对话框中选第一行第三列的样式，在编辑艺术字对话框中输入"信息技术基础"并设置宋体、加粗、20 号字后确定。

（3）选中艺术字，在"绘图"工具栏中单击"填充颜色"旁的下拉按钮，选中"黄色"，"线条颜色"旁的下拉按钮，选中"黄色"，此时艺术字全部变为黄色。

（4）单击"绘图"工具栏中的"自选图形"下的"星与旗帜"列表中的"爆炸型 2"，在艺术字旁拖动鼠标，绘出图形。

（5）右击"图形"在快捷菜单中选择"自选图形格式"，在"大小"中将高度设为 6 厘米、宽度设为 9 厘米，在"颜色与线条"中将填充色选为"无填充色"，线条颜色选择为"黄色"。

（6）右击"星与旗帜"在快捷菜单上选择"叠放次序"级联菜单中的"下移一层"。

（7）按住"Shift"键依次单击"艺术字"和"星与旗帜"，单击"绘图"工具栏中的"绘图"列表中的"组合"。

（8）打开"文件"—"另存为"，在另存为对话框中选择位置 Wordkt 文件夹，文件名输入"wa3. doc"，保存。

## 👤 实训问答

1. 嵌入图片和浮于文字上的图片有什么不同？

嵌入图片（周围是实心控制点）是文字在同一层中，它随文字移动而移动，不能与其他对象（文本框、艺术字、自选图形）进行组合、对齐等操作，不能进行层次改变。若要完成上述操作必须将其变浮于文字上（图片周围是空心控制点）。

2. 文本框与矩形图形有什么关系？

文本框主要是用于输入文本，可能设置边框、填充色、文本的格式，矩形图形除了可以当图形处理外（可以旋转），也具备文本框的一些功能如输入文本、改变边框、填充色等。

3. 对象的格式设置是最常用的操作，为什么有时用右击的方法快捷菜单中格式设置无效？

格式对话框是对象格式设置的最有效的方法，若要使用快捷菜单打开，必须是移动鼠标到对象上，当指针变"十字"时右击鼠标。

4. 如何将一个组合的对象分解呢？

当一个已经组合好的对象，若分解或重新组合，可右击对象在快捷菜单中选择"组合"—"取消组合"或"重新组合"。

5. Word 中如何编辑公式？

利用公式编辑器可以在文档输入数学公式，操作方法是将光标置于要插入公式的位置，打开"插入"—"对象"，在对话框中选中"Microsoft 公式 3.0"确定，这时打开公式编辑器，选中不同的数学符号后进行编辑。

## ✂ 实训巩固

（1）（2005 年 b）将 Wordkt 文件夹下图像"client. jpg"和"server. jpg"图片插入到文章的下面，并利用绘图工具栏绘制图中的图形（矩形、直线、箭头），要求如下：

①将图片和绘制的图形组合。

②将组合后的图形型对于页面水平居中，环绕方式为上下型。样图如下图所示。

③将编辑后的文档以原文件名保存。

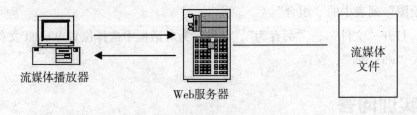

流媒体播放器    Web服务器    流媒体文件

（2）（2005 年 f）在文章的最后利用绘制工具绘制如图所示的图形（注释部采用文本框，其余部分使用矩形框），要求：

①文字为宋体，五号，居中；

②矩形框的高 1.8 厘米，宽 2.5 厘米；

③将图形组合，并相对于页面居中。

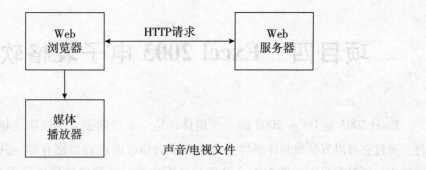

将编辑后的文档以原文件名保存。

（3）（2006 年 f）将 Wordkt 文件夹下 A1. JPG 插入到文章中，并按如下要求操作：

①在图片下方加入图注"图 3 – 1 计算机网络的组成"，图注字体为黑体，5 号。

②将图注与图片组合；设置环绕方式为"四周型"；设置其位置：水平距页边距 7 厘米，垂直距页边距 5.5 厘米。

③将排版后的文件以原文件名存盘。

# 项目四　Excel 2003 电子表格软件

Excel 2003 是 Offiec 2003 的一个组件，是一个功能强大、性能优越的电子表格软件，通过它可以方便地制作各种复杂的电子表格，能进行数据存储、共享、运算和打印输出，还具有强大的数据综合管理与分析功能，可简单快捷地进行各种数据处理、统计分析和预测决策分析。

## 实训一　Excel 应用程序的基本操作

### 实训目标

1. 能够讲述 Excel 2003 工作簿的基本操作方法。
2. 能够叙述工作表、单元格、行和列的基本操作方法。
3. 能够叙述数据的输入、填充、公式计算方法。

### 实训基础知识

#### 一、实训基本操作

在 Excel 中用来保存并处理数据的文件称为工作簿，每一个工作簿由一个或多个工作表组成，在 Excel 中工作簿最多可由 255 个工作表组成。Excel 应用程序的启动与退出和其他 Office 软件一样，有如下几种方法。

1. 启动方法

方法一：单击"开始"—"程序"—"Microsoft Excel 2003"，这样就可以启动并创建一个新的工作簿。

方法二："开始"—"运行"，在运行对话框中输入：Excel 后确定，这样也可以启动并创建一个新的工作簿。

方法三：双击一个 Ecexl 文件，也可以启动 Excel 程序，同时打开这个 Execl 工作簿。

2. 退出方法

当对 Excel 文件进行操作处理后，在退出 Excel 程序前一定要对所操作的文件进行保存处理，否则处理后的操作将无法保存。常用的有以下几种方法：

（1）单击窗口右上角的"关闭"按钮。

（2）执行"文件"菜单下的"退出"操作。

（3）按组合键"Alt + F4"。

3. Excel 2003 的主窗口的组成

Excel 2003 的主窗口主要包括标题栏、菜单栏、常用工具栏、格式工具栏、编辑窗口、状态栏、水平滚动条、垂直滚动条等元素。

说明：

（1）工作表标签。一个 Excel 文档中可包括多个工作表，单击工作表标签，可以切换当前工作表。

（2）单元格。单元格是工作表中数据的编辑单位，在单元格上单击鼠标，可以改变当前单元格。单元格的名称是单元格所在列标记和行号组成。

（3）编辑栏。选中单元格后，可以通过编辑栏编辑单元格的数据或公式。

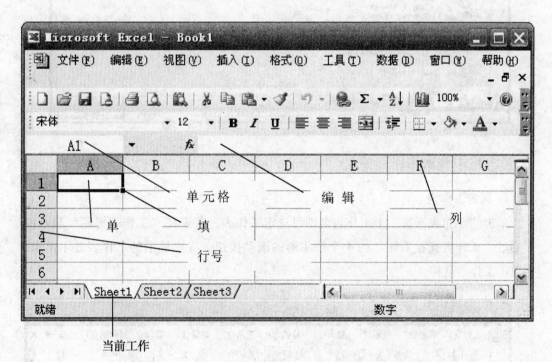

二、工作簿操作

（一）新建工作簿

启动 Excel 后自动建立一个"Book1"的空工作簿。除此之外还有：

单击工具栏中的"新建"按钮，或组合键"Ctrl + N"，建立一个新的空白工作簿。

选择"文件"菜单下的"新建"命令，单击"确定"。可以建立一个新的空白工作簿。

## （二）保存、另存为、关闭工作簿

输入工作簿中的数据，只是保留在内存中，并末存入磁盘中，若想以后使用，必须进行存盘操作。执行以下命令可以进行存盘操作。

保存。单击常用工具栏中的"保存"按钮，或选择"文件"下拉菜单中的"保存"命令，或组合键"Ctrl + S"。

另存为。选择"文件"菜单下拉菜单中的"另存为"命令。

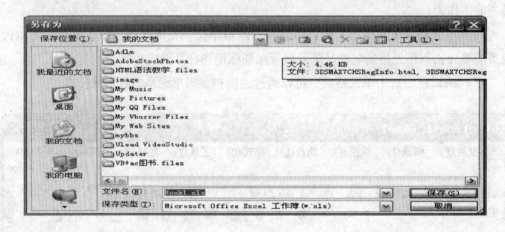

## （三）工作表操作

### 1. 选定工作表

单击"工作表标签"上工作表名即可选定工作表，若未在"工作表标签"显示的可通过"工作表查看工具"的 4 个箭头形的滚动按钮，将要显示的工作表显示出来，再单击工作表名称。

2. 插入/删除工作表

插入工作表：选择"插入"菜单下的"工作表"。这样在当前工作表前插入一个新工作表，并成为活动工作表。系统自动命名为"SheetN"（N 为一个自然数）。

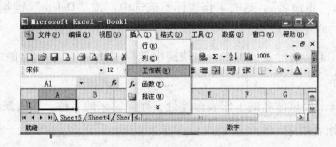

删除工作表：使要删除的工作表为活动工作表，选择"编辑"菜单中的"删除工作表"命令。或在工作表标签上右击，在快捷菜单中选择"删除"命令。

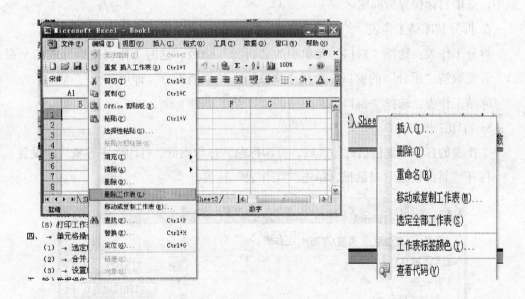

3. 插入/删除行与列

插入整行或整列：选定行所在任一单元格，选择"插入"菜单下的"行"或"列"。这样就当前单元格前或左插入一新行或列。

删除整行或整列：选定单元格区域，选择"编辑"下拉菜单中"删除"，在删除对话框中选择要删除的项目后"确定"。

4. 调整行高与列宽

方法一：选中要调整的行或列，单击"格式"菜单下行（或列），选中"行高"（或"列宽"），输入高度值（或列宽值）。

方法二：移动鼠标指针至两行（或两列）之间的分界线上，当鼠标指针变为"十字"形状时，按住鼠标左键上下（或左右）拖动即可调整行高（或列宽）。

5. 命名工作表

方法一：激活要重命名的工作表（单击工作表标签处），选择"格式"菜单中的"工作表"下的"重命名"，这时工作表标签被选中，按"Delete"键删除原来的名称，输入新的名称后回车确认。

方法二：在工作表标签处右击，在快捷中选择"重命名"，删除原来的名称，输入新的名称后回车。

方法三：双击要重命名的工作表标签处，删除原来的名称，输入新的名称后回车。

6. 调整工作表顺序

方法一：用鼠标左键拖动工作表标签到指定的位置后，放开鼠标。

方法二：选择"编辑"下拉菜单中的"移动或复制工作表"命令，在弹出的对话框中，选中目标位置后确定。

7. 拆分和冻结工作表

拆分工作表：选择"窗口"菜单中的"拆分"命令，这时工作表被拆分成四个窗口，若要取消"拆分"的窗口，选择"窗口"—"取消拆分"即可。

冻结工作表：选择"窗口"菜单中的"冻结工作表"命令。

8. 打印工作表。

工作表的打印设置包括打印区域、打印标题、打印质量、打印次序等项目的设置。

打开"页面设置"对话框，单击"工作表"标签。

在"打印区域"栏内输入或选择（通过切换按钮）打印区域，默认为整个工作表。

在打印标题栏内输入或选择出现在每页上的固定行或列。

在"打印"栏中选择相应的打印项目。

"打印顺序"栏中选择有列分页时的页面打印顺序，选中"先列后行"或"先行后列"，从右侧的示例图片中可以预览打印的顺序。

## （四）单元格操作

1. 选定连续的多个单元格

（1）选定整行：单击该项行左侧的行号选中一行，单击行号并在行号拖动鼠标，可选中多行。

（2）选定整列：单击该项列上方的列标选中一列，单击列标并在列标上拖动鼠标，可选中多列。

（3）选定一个区域

方法一：从选定单元格开始，沿对角线方向拖动鼠标。

方法二：按下 Shift 键，先后单击矩形对角线两个端点的单元格。

方法三：按下 Shift 键，先后水平和垂直移动光标键。

（4）选定不连续的多个单元格

按下 Ctrl 键，再单击需要的单元格区域。

2. 合并单元格

合并多个单元格：

方法一：选定要合并的多个单元格，单击工具栏中"合并及居中"按钮。

方法二：选定要合并的多个单元格，选择"格式"菜单中的"单元格…"，在对话框中选择"对齐"标签中的"合并单元格"，确定。

3. 设置单元格格式

单元格格式包括：数据格式、对齐方式、边框、表格线、底色和图案、字体格式。

简单设置：选中要设置格式的单元格，单击工具栏中相应的按钮。

使用"单元格格式"对话框（见上图）：

在使用对话框之前，先选中要设置格式的单元格，然后再选择"格式"菜单中的"单元格"。

设置数字格式：在单元格格式对话框中，单击数字标签，在分类中选中要设置的数据类型，在类型中选中要使用的样式。

设置对齐方式：Excel 默认的对齐方式是文本数据左对齐，数值右对齐。使用"对齐"可设置水平对齐方式、垂直对齐方式、自动换行、缩小字体填充、合并单元格以及文字方向的设置。

字体格式的设置：单元格格式对话框中的字体标签主要可以对字体、字号、字形、下画线、颜色、特殊效果进行设置。

边框格式设置：可以选中的单元格的边框、线型和线条颜色进行设置。

图案格式设置：可以对选中的单元格的底纹颜色，图案进行设置。

（五）输入数据操作

1. 输入基本数据

选定活动单元格，输入数据后，按回车或光标移动键结束输入。

特殊数据的输入：

纯数字串（邮编"050071"）输入方法是' 050071

分数数据（如出 3/4）输入方法是　03/4

日期数据可以是年/月/日（如 1999/6/6）或年－月－日或××年××月××日。

时间数据输入时分秒间用"："隔开。

在不同单元格中输入相同数据　选中要输入的多个单元格，输入数据后按 Ctrl 键回车。

2. 输入公式与自动填充

当某种有规律的数据，用户不必一个个输入，只需输入基础数据，然后用填充的方法快速输入。

（1）鼠标拖动填充。

当步长为 1、–1 或数据保持不变时，可以用鼠标单击填充柄并拖动。

数值型数据的填充。

直接拖动，数值不变；按下 Ctrl 键拖动，生成等差序列，向右、向下拖动，数值增大，向左、向上拖动，数值减少。

文本型数据的填充。

不含数字串的文本串，无论是否按下 Ctrl 键，数值均不变。

对含有数字串的文本串，如 sf67dfj34d，直接拖动，最后一个数字串（34）成等差数列，按下 Ctrl 键拖动，数据不变。

日期和时间型数据的填充。

日期型：直接拖动，按"日"生成等差序列，按下 Ctrl 键拖动，数据不变。

时间型：直接拖动，按"时"生成等差序列，按下 Ctrl 键拖动，数据不变。

（2）复杂填充。

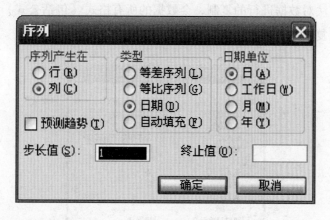

当数据间关系比较复杂时，如成等比数列，等差数列（步长任意），时间填充时可按"年"、"月"、"工作日"填充。

输入第一个数据，右拖动填充柄，打开快捷菜单，选择相应的操作，或单击"序列"打开序列对括框，设置对应的参数。

3. 修改、移动、复制与选择性粘贴数据

（1）修改数据：单击要修改的数据单元格，输入新的数据则将旧数据覆盖，若要修改部分数据，可在编辑栏中直接修改，或双击单元格修改数据。

（2）移动数据：

①使用剪贴板（剪切—粘贴）

选定数据区域，按组合键（Ctrl + X）或工具栏中的剪切按钮，这时数据将放入剪贴板中；选定目标区，按组合键（Ctrl + V）或工具栏中的粘贴按钮。此时数据将由原位置移动到目标位置。

②使用鼠标拖动

选定数据源区域，将鼠标指向选定区域的右边界或下边界，当指针变为一个实心箭头时，执行鼠标左键拖动到目标区域，松开鼠标即可。

（3）复制数据：

①使用剪贴板（复制—粘贴）

选定数据区域，按组合键（Ctrl + C）或工具栏中的剪贴按钮，这时数据将放入剪贴板中；选定目标区，按组合键（Ctrl + V）或工具栏中的粘贴按钮。此时数据将由原位置复制到目标位置。

②使用鼠标拖动

选定数据源区域，将鼠标指向选定区域的右边界或下边界，当指针变为一个实心箭头时，执行鼠标左键拖动到目标区域，松开鼠标前按下 Ctrl 键。

（4）选择性粘贴数据。

通过上述方法对数据进行的复制，会数据的所有格式（包括公式）复制到目标处，如果要有选择地复制单元格中内容，则要使用选择性粘贴。

具体操作如下：

选定源数据区，单击"复制"或"剪切"（根据需要选择）。

选定目标区

选择"编辑"下拉菜单中的"选择性粘贴"。

根据需要选择相应的内容后，单击"确定"按钮。

4. 公式和函数的使用

当数据需要用公式结果进行填充时，可先用公式计算出结果，然后使用填充方法，进行其他数据的填充。

公式中包含常数，运算符，单元格名称以及函数。

具体操作方法：

单击使用公式计算"结果"的单元格，输入"="，然后按要求编写公式，如出"0.5 * A2"，输入完毕后回车或"计算结果"工具栏内的"确定"（对勾）按钮。此时结果出现在"结果单元格"位置。

如果以下单元格的数据计算方法与当前单元格计算方法相同，只需用填充的方法（拖动填充柄并向下填充）完成。

函数的使用：

函数可快速完成复杂的操作。

函数的语法规则：函数的一般格式是：函数名（参数列表）。

常用的函数名如 SUM 求和，MAX 最大值，MIN 最小值，AVERAGE 平均值，DATE 求日期，IF 条件等。

参数列表：表明函数的操作对象，如 SUM（A2：E6）表示对以 A2 到 E6 为对角线的矩形区的数据求和，SUM（A2，B3，D4，E6）表示对 A2，B3，D4，E6 四个单元格的数据求和。

函数的选取和函数框。

若要公式中使用函数可直接写出函数和相应的参数，也可以在编辑栏的左侧"函数"下拉列表中选择要使用的函数，这时会根据不同的函数弹出函数对话框，用户可根据要求通过"切换按钮"在工作表选中函数中使用的数据参数。

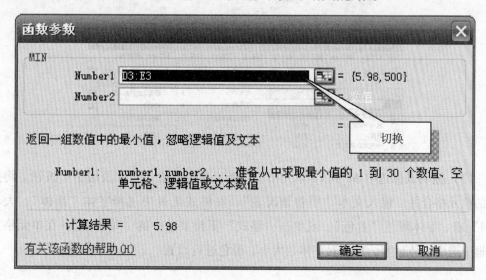

返回

⊕ **实训实例指导**

打开 Excelkt 文件夹下的 xsqk.xls 工作簿文件，进行如下操作：

1. 调整工作表结构

（1）在第 1 行上方插入 1 行：调整此行行高为 20。

合并及居中 A1：F1 单元格，输入文本"销售情况表"，黑体、14 磅、蓝色。

操作：打开考生文件（学生考号）中的 Excelkt 文件夹，双击"xsqk.xls"文件，打开工作簿。

（2）单击第一行行标，选取插入菜单下的"行"这时在第一行前插入一空行。单击格式下拉菜单，选择"行"—"行高"。输入"20"后确定。

（3）拖动鼠标选中 A1 到 F1 单元格，选择工具栏中的"合并及居中"按钮。将选中的单元格合并。输入文本"销售情况表"，在格式工具中选择字体"黑体"、大小"14"磅、字体颜色"蓝色"。或单击"格式"下拉菜单中的"单元格"，在单元格对话框中选中字体标签，分别对字体、大小、颜色进行设置。

2. 填充数据：

自动填充"销售金额"：销售金额 = 市场价格 × 销售台次

操作方法：

（1）单击结果单元格 F3。

（2）输入"＝"，然后单击 D3 单元格，再输入"＊"，单次击 E3 单元格后回车。（或直接输入"D3 ＊ E3"后确认）

（3）再次选中结果单元格 F3，单击并拖动填充柄，向下填充数据到 F38。

3. 格式设置：

A2 ~ F2 单元格字体为宋体、12 磅、加粗、居中；设置 A ~ F 列为最适合列宽。

操作方法：

（1）用鼠标拖动选中 A2 到 F2 单元格。

（2）在格式工具栏中分别选取：字体（宋体），字号（12），字形（加粗），对齐（居中）。也可以在"格式"下拉菜单中的"单元格"对话框中操作。

（3）单击并拖动 A 到 F 列（选中 A 到 F 列），单击"格式"下拉菜单中的"列"／"最适合的列宽"。

4. 插入 Sheet2 工作表并将编辑好的 Sheet1 工作表复制到 Sheet2

操作过程：

（1）选中 Sheet1 工作表中的所有数据，按组合键"Ctrl + C"（复制）。

（2）单击"插入"菜单下的"工作表"。这时在工作区中插入一个新工作表 Sheet2。

（3）按组合键"Ctrl + V"或单击"粘贴"按钮。

## 👥 实训问答

1. 工作簿、工作表、单元格是什么关系？

答：用 Excel 软件完成的文件称为工作簿，其扩展名 . xls，一个工作簿中包含多个工作表，每个工作表中包含多个单元格，单元格是数据存放的基本空间、

2. 当多个单元格合并后，合并的单元格的名称是什么？

答：多个单元格合并后，合并之后的单元格以"原左上角单元格名称为名"。

3. 当单元格中出现"#####"符号时代表什么？

答：当单元格中出现"#####"符号时代表当前单元格中的数据太长，而现有的宽度无法完全显示所有数据，这只是显示的问题，不影响数据的计算和格式设置等操作，解决方法只要将单元格宽度变宽就可以了。

4. 当单元格中出现"#name?"符号时代表什么？

答：表明公式中含有"未知的"参数。

5. 在公式中 A5，$A5，$A$5 代表什么意思？

答：我们把公式中的单元格名称称为"引用单元格"，A5 称为"相对引用"，也就是说"A5"这个地址名称随我们填充位置不同而发生变化。例如在 E5 单元格中输入公式"=A5+B5"，然后将有 E5 的结果（公式）复制到 H10 时，公式变为"=D10+E10"，这是因为公式"=A5+B5"使用的是相对地址，当"结果"位置由 E5 变到 H10 时（列号增加 3，行号增加 10），则公式中的 A5 和 B5 也要相应的增加列号和行标（A5 变为 D10，B5 变为 E10。当公式中单元格地址中包含"$"时，单元格地址变为绝对引用（不变），如公式中有 $A5，则在复制公式过程中列号不变，行号可变，如在公式中有 $A$5，则在复制公式过程中列号行号不变，（也就是单元格不发生变化）。

6. 如何引用其他表中的单元格数据？

答：可使用"表名！单元格名"，如 sheet1！c4。

7. 有一个表结果是通过公式计算出来的，想把结果复制到其他位置，但通过"复制—粘贴"方法，出现错误，为什么？

答："复制—粘贴"方法是将单元格的所有格式一起粘贴到目标处，如果公式中有相对引用的单元格地址，复制过程中也要相应的变化（见上回答），所以目标处的结果会产生错误，解决方法是采用"选择性粘贴"。

## ✂ 实训巩固

1. 打开 Excelkt 文件夹下的 yysr. xls 工作簿文件，进行如下操作

调整工作表结构：

（1）在第一行上方插入一行，调整此行行高为 20。

合并及居中 A1：I1 单元格，输入文本"营业收入"，黑体、14 磅、蓝色。

（2）填充数据：

自动填充"平均"列；"合计"列。

（3）格式设置。

将"平均"列相关的单元格字体设置为绿色。

插入 Sheet2 工作表，并将编辑好的 Sheet1 工作复制到 Sheet2。

2. 打开 Excelkt 文件夹下的 yysr_ c. xls 工作簿文件，进行如下操作

（1）调整工作表结构：

在第一行上方插入一行，调整此行行高为 20。

合并及居中 A1：H1 单元格，输入文本"宏运公司营业收入"，黑体、14 磅、蓝色。

（2）填充数据：

自动填充"平均"列；"合计"列。

（3）将"合计"列相关的单元格字体设置为红色。

（4）插入 Sheet2 工作表，并将编辑好的 Sheet1 工作复制到 Sheet2。

3. 打开 Excelkt 文件夹下的 cjgl. xls 工作簿文件，进行如下操作

（1）调整工作表结构：

在第一行上方插入一行，调整此行行高为 20。

合并及居中 A1：E1 单元格，输入文本"学生成绩表"，并设置文本垂直居中。

（2）填充数据：

自动填充"总评成绩"：总评成绩＝期末成绩×80%＋平时成绩×20%。

（3）将 Sheet1 工作表重命名为"计01 班学生成绩"。

# 实训二 数据管理和分析

## 实训目标

1. 能够叙述数据的排序方法。

2. 能够叙述数据的筛选方法。

3. 能够叙述分类汇总的操作。

4. 能够叙述数据透视表的操作。

Excel 就其功能上可以当作一个简单数据库，它在数据库管理功能上能实现记录的输入、排序、筛选、分类汇总、创建数据透视表。

## 一、数据排序操作

数据排序是指按一个字段或几个字段的升序或降序方式，对数据表的所有记录进行排序。

简单排序是指按一个字段排序，并且标题不参与排序。

操作方法：选定排序字段列中任意一个单元格，单击常用工具栏内的"升序"或"降序"按钮 ⇅。

复杂排序是指按多个关键字排序，即先按第一关键字排序，在第一个关键字相同

的情况下，现按第二个关键字排序，以此类推，最多按 3 个关键字排序。

操作方法：

选中数据表中任意单元格。

选取"数据"下拉菜单中的"排序"项，打开排序对话框。

在对话框中，依次选择"主关键字"及相"递增"或"递减"选项。次关键字、第三关键字类同。

在当前数据清单中若选中"有标题行"，表示标题行不参与排序。若选中"无标题行"表示标题行作一个记录和数据一起排序。

在"选项"按钮中可设置排序选项设置排序方法。

## 二、数据筛选操作

筛选是指从数据清单中选出满足条件的记录，筛选出的记录结果可显示在原数据区或新数据区域中。

筛选分两类；自动筛选和高级筛选。

1. 自动筛选

自动筛选用于同一字段中的两个条件的"与"或"或"；不同字段的条件只能是"与"的关系，即在多字段条件下，筛选出来的是同时满足多个字段条件的记录。

操作方法：

选中数据区中任一单元格，选择"数据"菜单下的"筛选"选项中的"自动筛选"。

单击要筛选字段下的下三角按钮，打开筛选条件。

在筛选条件中各项含义为：

"全部"：取消本列的筛选条件。

"前 10 个"：找出前 N 个数据，可以按项数查找也可以按百分比查找。

"自定义"：可以自定义查找条件。

单击某一个数值（最下显示的数字），表示只显示字段值为选定值的记录。

在"自定义"对话框中，可对选定列进行条件设置。设置完成后单击"确定"。

2. 高级筛选

自动筛选只能用于一个字段筛选或几个字段的"与"关系，如果是多个字段的任意条件的筛选就必须使用高级筛选，高级筛选必须有一个条件区域，条件区域距数据表至少一行一列。筛选结果可在源数据区，也可以在新的区域显示。

筛选条件的输入：

筛选条件中用到的字段名，尤其是字段有空格时，为了确保完全相同，应采用单元格复制的方法将字段复制到条件区域中，以免出错。

高级筛选条件输入示例：某工作表如下图。

| | A | B | C | D | E | F | G | H |
|---|---|---|---|---|---|---|---|---|
| 1 | 序号 | 存入日 | 期限 | 年利率 | 金额 | 到期日 | 本息 | 银行 |
| 2 | 1 | 1999-1-1 | 5 | 3.1 | 1,000.00 | 2004-1-1 | 1,155.00 | 工商银行 |
| 3 | 2 | 1999-2-1 | 3 | 2.7 | 2,500.00 | 2002-2-1 | 2,702.50 | 中国银行 |
| 4 | 3 | 1999-3-1 | 5 | 3.1 | 3,000.00 | 2004-3-1 | 3,465.00 | 建设银行 |
| 5 | 4 | 1999-4-1 | 1 | 2.2 | 2,200.00 | 2000-4-1 | 2,248.40 | 农业银行 |
| 6 | 5 | 1999-5-1 | 3 | 2.7 | 1,600.00 | 2002-5-1 | 1,729.60 | 农业银行 |
| 7 | 6 | 1999-6-1 | 5 | 3.1 | 4,200.00 | 2004-6-1 | 4,851.00 | 农业银行 |
| 8 | 7 | 1999-7-1 | 3 | 2.7 | 3,600.00 | 2002-7-1 | 3,891.60 | 中国银行 |
| 9 | 8 | 1999-8-1 | 3 | 2.7 | 2,800.00 | 2002-8-1 | 3,026.80 | 中国银行 |
| 10 | 9 | 1999-9-1 | 1 | 2.2 | 1,800.00 | 2000-9-1 | 1,839.60 | 建设银行 |
| 11 | 10 | 1999-10-1 | 1 | 2.2 | 5,000.00 | 2000-10-1 | 5,110.00 | 工商银行 |
| 12 | 11 | 1999-11-1 | 5 | 3.1 | 2,400.00 | 2004-11-1 | 2,772.00 | 工商银行 |
| 13 | 12 | 1999-12-1 | 3 | 2.7 | 3,800.00 | 2002-12-1 | 4,107.80 | 建设银行 |

筛选条件是"期限介于 3～5 年，且金额高于 15000 元"，条件输入如下图，当然此筛选也可以使用"自动筛选"（为什么？）。

| 期限 | 期限 | 金额 |
|---|---|---|
| >=3 | <=5 | 15000 |

筛选条件是"期限介于 3～5 年，或金额高于 15000 元"，条件输入如下图，请思考"自动筛选"能完成吗？

| 期限 | 期限 | 金额 |
|---|---|---|
| >=3 | <=5 | |
| | | 15000 |

筛选条件是"期限为 3 年且金额高于 15000 元或期限为 5 年"，条件输入如下图。

| 期限 | 金额 |
|---|---|
| 3 | 15000 |
| 5 | |

筛选条件是"期限为 3 年且金额是 15000 元或期限为 5 年金额大于 20000 元"，条件输入如下图。

| 期限 | 金额 |
|---|---|
| 3 | 15000 |
| 5 | >20000 |

**3. 高级筛选的操作过程**

在指定区域按筛选要求输入筛选条件。

单击数据区中任一单元格。

打开"数据"下拉菜单中，选择"筛选"—"高级筛选"，打开高级筛选对话框。

这时列表区域中自动显示当前单元格所在的数据表，若要改变数据表，可单击右侧的切换按钮，返回到工作表窗口选定数据区。单击返回按钮返回"高级筛选"对话框。同样的方法选取条件区域，若在方式中选择了"将筛选结果复制到其他位置"则在"复制到"文本框中单击切换按钮，返回工作表，选择结果存放区域左上角的第一个单元格，单击返回按钮返回"高级筛选"对话框。"选择不重复的记录"筛选框，则筛选结果中不会存完全相同的两个记录。

单击"确定"完成高级筛选。

## 三、数据分类汇总和建立数据透视表操作

**1. 分类汇总的概念**

分类汇总就是将数据表的每类数据进行汇总，因此执行汇总之前必须先将数据排序，排序关键字作为分类字段。

汇总方式有：计数、求和、求平均、最大值、最小值。

2. 操作过程

（1）先将分类"字段"排序（升降序均可）。

（2）选定数据表中任一单元格。

（3）选择"数据"下拉菜单中的"分类汇总"，打开分类汇总的对话框。

（4）在对话框中分别选取"分类字段"、"汇总方式"、"选定汇总项"等。

（5）单击"确定"完成操作。

3. 汇总结果的显示

利用左侧的级别显示按钮和折叠按钮，可以隐藏或重现明细记录。单击 1 只显示总的汇总结果，单击 2 显示分类汇总结果和总汇总结果，单击 3 显示全部明细数据和总汇总结果。

4. 数据透视表的建立

数据透视表也称为"复杂的分类汇总"，它可以实现多字段的分类汇总。

创建方法：

（1）选取"数据"下拉菜单中的"数据透视表和透视报表"命令。选择分析数据的类型（默认为 Excel 表）。单击下一步。

（2）此时在选定区域中显示前当数据表，也可以通过切换按钮，重新选取区域。单击下一步。

（3）在数据透视表显示位置中，选取"位置"。然后单击"版式…"，打开"版式"对话框。

（4）在对话框中分别将要"汇总"的字段拖动到"行"或"列"上，将要汇总数据拖动到"数据"区。若要改变汇总方式，双击"数据"区中的字段，打开"数据透视表字段"对话框，进行修改后确定返回到透视表版式对话框中，单击"确定"完成。

[+] **实训实例指导**

实例 1：接第一节【实训实例指导】内容继续对 Sheet2 工作表分类汇总：

要求：按"销售分公司"汇总求和："销售台数"、"销售金额"。

将 Sheet2 工作表名修改为"销售情况汇总"。

操作：

（1）单击数据区中任一单元格，选择"数据"下拉菜单中的排序，在排序对话框的主关键字中选取"销售分公司"，（升序、降序自定）确定。或单击"销售分公司"列中任一单元格，按工具相栏中升序或降序按钮，完成排序操作。

（2）单击数据区中任一单元格，选择"数据"下拉菜单中的"分类汇总"，在汇总字段中选取"销售分公司",汇总方式中选取"求和",在选定汇总项中选取"销售台数"、"销售金额"（注意其他默认选项取消），单击确定。

（3）双击工作表标签"Sheet2"，输入"销售情况汇总"后回车。

实例2：工作表如下图

| | A | B | C | D | E | F | G | H |
|---|---|---|---|---|---|---|---|---|
| 1 | 序号 | 存入日 | 期限 | 年利率 | 金额 | 到期日 | 本息 | 银行 |
| 2 | 1 | 1999-1-1 | 5 | 3.1 | 1,000.00 | 2004-1-1 | 1,155.00 | 工商银行 |
| 3 | 2 | 1999-2-1 | 3 | 2.7 | 2,500.00 | 2002-2-1 | 2,702.50 | 中国银行 |
| 4 | 3 | 1999-3-1 | 5 | 3.1 | 3,000.00 | 2004-3-1 | 3,465.00 | 建设银行 |
| 5 | 4 | 1999-4-1 | 1 | 2.2 | 2,200.00 | 2000-4-1 | 2,248.40 | 农业银行 |
| 6 | 5 | 1999-5-1 | 3 | 2.7 | 1,600.00 | 2002-5-1 | 1,729.60 | 农业银行 |
| 7 | 6 | 1999-6-1 | 5 | 3.1 | 4,200.00 | 2004-6-1 | 4,851.00 | 农业银行 |
| 8 | 7 | 1999-7-1 | 3 | 2.7 | 3,600.00 | 2002-7-1 | 3,891.60 | 中国银行 |
| 9 | 8 | 1999-8-1 | 3 | 2.7 | 2,800.00 | 2002-8-1 | 3,026.80 | 中国银行 |
| 10 | 9 | 1999-9-1 | 1 | 2.2 | 1,800.00 | 2000-9-1 | 1,839.60 | 建设银行 |
| 11 | 10 | 1999-10-1 | 1 | 2.2 | 5,000.00 | 2000-10-1 | 5,110.00 | 工商银行 |
| 12 | 11 | 1999-11-1 | 5 | 3.1 | 2,400.00 | 2004-11-1 | 2,772.00 | 工商银行 |
| 13 | 12 | 1999-12-1 | 3 | 2.7 | 3,800.00 | 2002-12-1 | 4,107.80 | 建设银行 |

要求完成：

（1）自动筛选：期限是5年，并且金额大于2000元的记录，并将结果复制到Sheet2中。

操作方法：

①单击数据区中任一单元格，选择"数据"—"筛选"—"自动筛选"

②单击"期限"右侧的下拉按钮，选择5；单击"金额"右侧的下拉按钮，选择"自定义"，在显示行中选择"大于"，值中输入"2000"，确定。

③选中筛选的结果，单击"复制"，单击"Sheet2"，"粘贴"。

（2）高级筛选：筛选条件：农业银行或中国银行且金额多于2000元的记录。

· 条件区域：＄A＄15：＄C＄19

· 筛选结果复制位置：＄A＄23

操作方法：

①先将上题中的自动筛选取消。（选择"数据"—"筛选"—"自动筛选"）

②输入条件：单击A15按下图格式输入条件。

| 15 | 银行 | 金额 |
|---|---|---|
| 16 | 农业银行 | >2000 |
| 17 | 中国银行 | >2000 |

③单击选中数据区中任一单元格,选择"数据"—"筛选"—"高级筛选"。

④在条件区中单击切换按钮,在数据表中选中"条件",单击复制到的切换按钮,在数据区中单击 A23 单元格,返回对话框,确定。

| 求和项:金额 | 期限 | | | |
|---|---|---|---|---|
| 银行 | 1 | 3 | 5 | 总计 |
| 工商银行 | 5000 | | 3400 | 8400 |
| 建设银行 | 1800 | 3800 | 3000 | 8600 |
| 农业银行 | 2200 | 1600 | 4200 | 8000 |
| 中国银行 | | 8900 | | 8900 |
| 总计 | 9000 | 14300 | 10600 | 33900 |

(3)制作如图的透视表。

①单击选中数据区中任一单元格,选择"数据"—"数据透视和透视表"。

②单击"下一步",在数据区中选择数据(默认是以上一步中选中单元格所在的表为数据区),单击"下一步"。

③单击"布局"选项,将"银行"拖动到"行","期限"拖动到"列","金额"拖动到"数据"上(双击"求和项:金额",可改变汇总方式),确定返回透视表向导3,在位置处选择透视表的位置后,确定完成操作。

## 实训问答

1. 什么是数据清单?

答:数据清单是一个规则的二维表格,第一行称为标题行,以下各行称为数据区,标题行的每个单元格为一个字段,单元格的内容为字段名。

2. 在排序中最多可设置几个关键字?它们是如何排序的?

答:最多可设置三个,首先先按主关键字排序,若主关键字相同再按次关键字排序,若次关键字也相同,则按第三关键字排序。

3. 在筛选中"与""或"是什么意思?

答:筛选中经常使用各种条件,两个字段中若表示"并且"的,我们称为"与"关系,若表示"或者",我们称为"或"关系。

4. 自动筛选和高级筛选的区别是什么?

答:自动筛选只能进行一个字段或多个字段的"与"关系的筛选,高级筛选则可以实现各种形式的筛选。

5. 高级筛选中的条件是如何设置的？

答：两个字段内容是"与"关系（并且），则条件输入时并列输入。若是"或"关系（或者），则条件输入时"错开"行输入。同一字段内容是"与"关系（并且），则条件输入时"字段名"输入两次，两个条件平行输入。若是"或"关系（或者），则条件输入时两个条件在同一列中输入。另外说明条件中大于等于 20000，可写成"＞＝20000"，若是等于 20000，则直接输入 20000。

6. 数据透视表作用是什么？

答：数所据透视表是一个复杂的分类汇总，分类前不必排序，分类字段可放在行或列的位置（根据显示的要求设置），汇总结果放在数据区中，汇总方式可修改。

7. 分类汇总前为什么要排序？

答：因为分类操作中，计算机是按从上到下的顺序对分类字段进行汇总，连续相同字段会汇总出一个结果，若不排序则相同的字段不在一起，则不能汇总出一个结果。也就是说同一个字段内容会出现多个结果，这与分类汇总不符。

## 实训巩固

1. 打开 Excelkt 文件夹下的 rsgl. xls 工作簿文件（2006 年）

（1）根据 Sheet2 工作表中的数据，按"职称（降序）"汇总"基本工资"、"奖金"的平均值。

（2）将 Sheet2 工作表命名为"工资统计"。

2. 打开 Excelkt 文件夹下的 rsb. xls 工作簿文件，进行如下操作（2005 年）

（1）筛选 Sheet2 工作表：

条件：筛选出"已婚"，"无房"的记录。

要求：使用高级筛选，并将筛选结果复制到其他位置。

条件区：起始单元格定位在 G20。

复制到：起始单元格定位在 A25。

（2）排序 Sheet3 工作表：

主关键字："总分"，递减排列。

次要关键字："工龄"，递减排列。

3. 打开 Excelkt 文件夹下的 ckd. xls 工作簿文件，进行如下操作

建立数据透视表：

根据 Sheet1 工作表的数据建立如图所示的数据透视表，要求：

行字段为"银行"，列字段为"期限"，数据项为"金额"之和。

显示位置："新建工作表"，名称为"储蓄存款透视表"。

最后将此工作簿以原文件名保存。

| 求和项：金 额 | 期 限 | | | |
| :---: | :---: | :---: | :---: | :---: |
| 银 行 | 1 | 3 | 5 | 总 计 |
| 工商银行 | 12500 | | 3000 | 15500 |
| 建设银行 | 3000 | 1500 | 4000 | 8500 |
| 农业银行 | 1000 | 3000 | 9700 | 13700 |
| 中国银行 | | 11000 | 1000 | 12000 |
| 总 计 | 16500 | 15500 | 17700 | 49700 |

# 实训三　图表操作

## 实训目标

1. 能够讲述 Excel 2003 图表的作用与意义。

2. 能够叙述图表制作的基本方法。

3. 能够叙述图表格式的修改方法。

## 实训基础知识

将工作表的数据制成图表，可以更加直观地表达数据间的关系，并且当工作表中数据发生变化时，图表中的数据也自动变化，本节将介绍图表的基本制作方法。

### 一、创建图表

根据图表存放的位置，图表可分两种类型：

嵌入式图表：图表和数据工作表占用同一工作表。

图表工作表：图表自身占用一张工作表。

图表中的元素如下图所示：

嵌入式图表和图表工作表创建操作方法：

（1）选中欲制作图表中需要的数据即分类轴数据和数值轴数据。（按下 Ctrl 键，依次选中数据列，注意数据间要对应）。

（2）选择"插入"菜单中的"图表"项或直接单击工具栏中的"图表向导"按

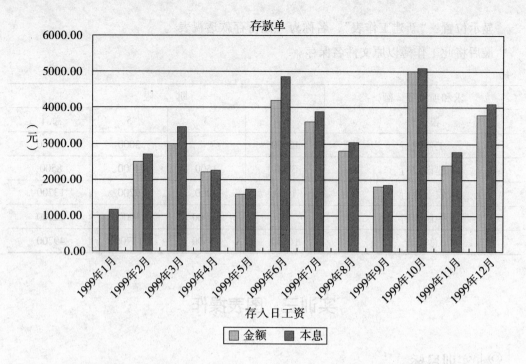

钮，进入图表制作向导对话框的步骤——图表类型。

（3）在"图表类型"列表中选择图表类型，在"图表子类型"列表中选择一种类型。单击"下一步"，进入"数据源"对话框。

（4）由于制作之前已经选择了数据，故数据源中存数据。如果没有数据可单击数据区域"选择按钮"。重新选择数据源（分类轴数据和数值轴数据），这时图表显示区中显示区图表基本效果和图例名称，若要修改图例名或数值轴数据，可单击"系列"标签，在系列中选取要修改的系列名，在名称处输入要修改的名称（注意文字要用""引住）或利用选择按钮在工作表中选取某一单元格中的数据作为名称。在数值位置重新选择数据源的值。完成后半日击"下一步"，进入"图表选项"对话框。

（5）在"图表选项"根据要求分别对"标题"、"坐标轴"、"网格线"、"图例"、"数据标志"、"数据表"进行设置后单击"下一步"，进入"图表位置"设置。

（6）在"图表位置"对话框中，若要求制作"图表工作表"则选择"作为新工作表插入"，若要求制作"嵌入式工作表"则选择"作为其中的对象插入"。最后单击"完成"。

## 二、图表的编辑和格式化

图表建立之后，经常要作某些必要的调整，如图表的移动、复制、缩放、改变图表类型、添加、删除数据系列，调整数据系列顺序，编辑图表元素，或调整某些显示效果等。

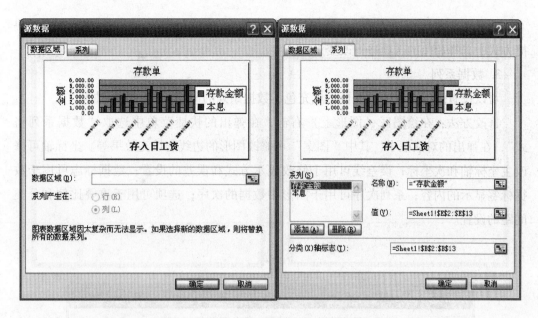

### 1. 编辑图表对象格式

单击选中要修改的对象（标题、坐标轴数据），在工具栏中选择要修改的字体、字号、颜色等。或右击要修改的数据，在快捷菜单中选取"坐标轴格式"或"坐标标题格式"。然后进行相应的设置。

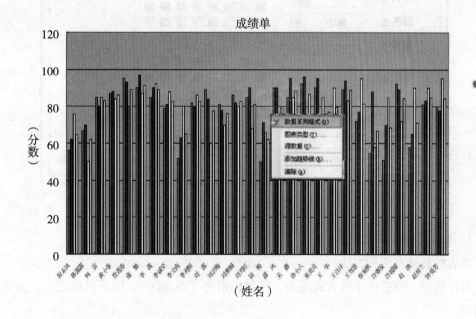

### 2. 改变图表类型、数据源、图表选项和位置

这四个操作分别对应于"图表向导"创建图表过程中的 4 个步骤。

选择"图表"下拉菜单，在其中选择相应的选项进行设置。或在图表上右击从快捷方式中选择相应的选项进行改变设置。

3. 数据系列

可以设置数据系列的边框色、填充色、数据系列的次序、显示坐标轴等。

修改方法：在绘图区（图形上）右击，在弹出的快捷菜单中选取"数据系列格式"，在弹出的对话框中，其中"图案"可修改图形的边线、填充效果等。坐标轴可修改主坐标轴和次坐标；误差线可用于修改显示方式和误差的设置；数据标志可用于数据标签显示的内容；系列次序可用于图形中数据的次序；选项可用于重叠比例和分类间距的设置。

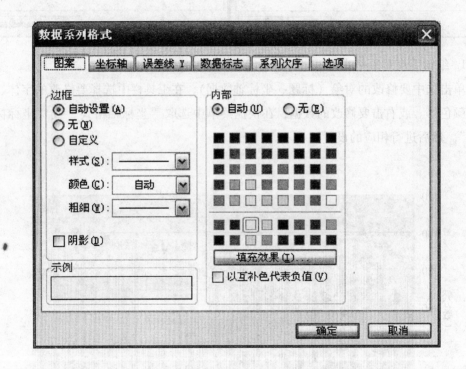

4. 图表的移动和缩放

图表的移动有两种方法：

鼠标拖动：只适用于嵌入式图表，将鼠标指向"图表区"，按下鼠标左键，直接拖动即可。

使用剪贴板：单击图表，将其选中，执行"剪切"操作，光标置于目标区，执行"粘贴"操作。

图表的缩放可根据图表类型的不同而采用不同的方法

嵌入式图表的缩放：选中图表，鼠标移到各控制点，可以纵向、横向及整体缩放，单击图表中各个元素可以分别进行缩放。

图表工作表的缩放：选中图表，选择"文件"菜单下的"页面设置"，在"图表"选项中有三种页面设置状态——使用整个页面、调整、自定义。

### ⊕ 实训实例指导

建立图表工作表（2006 年）

打开 Excelkt 文件夹下的 rsgl. xls 工作簿文件的 Sheet2 工作表。

根据"工资统计"工作表中的数据，生成工资统计图表，如下图所示。

（1）分类轴为"职称"，数值轴为不同职称的"基本工资"、"奖金"的平均值。

（2）图表类型：簇状柱型图。

（3）图表标题：工资统计图表。

（4）图例：靠右。

（5）图表位置：作为新工作表插入；工作表名："工资统计图表"。

（6）最后将此工作簿以原文件名保存。

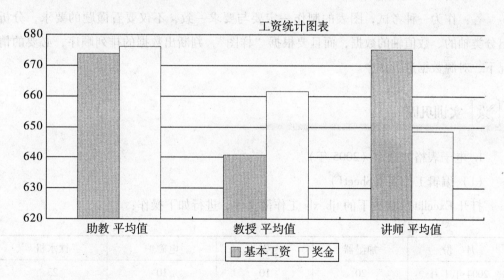

操作过程：

（1）先对职称进行分类汇总（如果前面已经完成这项操作，此步可省略）：

选中"职称"列的任一单元格，单击降序按钮（因为图表中显示的职称：助教、教授、讲师，按降序排序。

选择"数据"—"分类汇总"，在分类汇总对话框中，分类字段选择"职称"，汇总项目选择"基本工资"、"奖金"，汇总方式选择"平均值"。

（2）将汇总方式选择为"2"，按"Ctrl"分别选中"职称"、"基本工资"、"奖金"列，（注意数据要对应）。

选择"插入"—"图表"，在步骤一中选择"簇状柱型图"，单击下一步，再单击下一步，进入步骤三。

（3）在图标标题中输入"工资统计图表"，在图例标签中选择"靠右"。单击下一步。

（4）单击"作为新工作表"插入，并在右侧输入"工资统计图表"，确定。

## 实训问答

1. 为什么做图表前选中数据列后，图表中自动将数据按分类轴、数值轴划分？

答：选中数据后，单击图表向导按钮后，微机自动将"文本"内容当分类轴，"数值"内容当作数值轴。

2. 有时按要求选中数据后，图表形态与给定的结果不一样，为什么？

答：数据选中过程中，一定要数据间要对应且连续。

3. 制作图表应注意什么？

答：作为一种考试，图表的制作一定要与要求一致，不仅要看懂题的要求，分析出分类轴的、数值轴的数据，而且要根据"样图"，判断出数据的排列顺序，必要的情况下，对源数据进行排序。

## 实训巩固

1. 电子表格的操作（2005 年）

（1）编辑工作表（Sheet1）

打开 Excelkt 文件夹下的 tjb. xls 工作簿文件，进行如下操作：

| 月　份 | 加湿器 | 电熨斗 | 电磁炉 | 饮水机 |
|---|---|---|---|---|
| 2004 年 1 月 | 20 | 10 | 10 | 23 |
| | 30 | 12 | 20 | 34 |

（2）调整工作表结构：

①在第 1 行上方插入 1 行，调整此行行高为 20。

②合并及居中 A1：E1 单元格，输入文本"电器销售情况表"，并设置文本垂直居中。

③填充数据：自动填充"月份"：2004 年 1 月 1 日—2004 年 12 月 1 日。

在 B15～E15 单元格分别填充"加湿器"、"电熨斗"、"电磁炉"、"饮水机"的全年总销售数量。

④将编辑好的 Sheet1 工作表复制到 Sheet2。

（3）建立图表工作表

根据 Sheet1 工作表中的数据，生成全年电器销售情况图表，如下图所示。

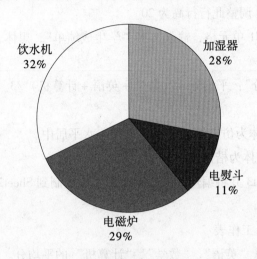

**全年电器销售情况图**

①图表类型：三维饼图。

②添加标题：全年电器销售情况图表。

③图例：靠右；数据标志：显示百分比及数据标志。

④图表位置：作为新工作表插入；工作表名：全年电器销售情况图表。

（4）处理数据

筛选 Sheet2 工作表：

①条件：筛选出"电熨斗"销售数量大于 10 台，其他产品大于 25 台的记录。

②要求：使用高级筛选，并将筛选结果复制到其他位置。

③条件区：起始单元格定位在 F20。

④复制到：起始单元格定位在 A30。

⑤最后将此工作簿以原文件名保存。

2. 电子表格的操作（2005 年）

（1）编辑工作表（Sheet1）

打开 Excelkt 文件夹下的 cjgl. xls 工作簿文件，进行如下操作：

| 学号 | 姓名 | 性别 | 系别 | 籍贯 | 出生日期 | 英语 | 数学 | 计算机 | 平均分 |
|------|------|------|------|------|----------|------|------|--------|--------|
|      |      |      |      |      |          |      |      |        |        |
|      |      |      |      |      |          |      |      |        |        |
|      |      |      |      |      |          |      |      |        |        |

（2）调整工作表结构：

在顶端插入 1 行，调整此行行高为 20。

合并及居中 A1：J1 单元格，输入文本"学生成绩单"，黑体，14 磅，蓝色。

填充数据：

自动填充"平均分"：平均分＝（数学＋英语＋计算机）/3。

格式设置：

A2：J2 单元格字体为仿宋体、11 磅、加粗、水平居中。

A3：J14 单元格字体为楷体、10 磅。

插入 Sheet2、Sheet3 并将编辑好的 Sheet1 工作表复制到 Sheet2、Sheet3。

（3）处理数据

分类汇总：Sheet2 工作表

要求：按性别汇总"英语"、"数学"、"计算机"的平均分。

将 Sheet2 工作表名修改为"学生成绩汇总"。

（4）建立数据透视表

根据 Sheet3 作表的数据，在原工作表 A20 单元各处建立数据透视表，要求：

行字段为"系别"，列字段为"性别"，数据项为"英语"的平均值。

最后将此工作簿以原文件名保存。

| 平均值项：英语 | 性 别 | | |
|---------------|-------|-------|-------|
| 系　别 | 男 | 女 | 总　计 |
| 电子系 | 79.5 | 91 | 85.25 |
| 计算机系 | 72.66666667 | 56 | 68.5 |
| 建筑系 | 79.33333333 | 76 | 78.5 |
| 总　计 | 76.875 | 78.5 | 77.41666667 |

3. 电子表格的操作（2005 年）

（1）编辑工作表（Sheet1）

打开 Excelkt 文件夹下的 ckd.xls 工作簿文件，进行如下操作：

| 存入日 | 期限 | 年利率 | 金　额 | 到期日 | 本息 | 银　行 |
|---|---|---|---|---|---|---|
| 2002 - 1 - 1 | 5 | 3.21 | 3000.00 | 2007 - 1 - 1 | | 工商银行 |
| | | | | | | |
| | | | | | | |

（2）调整工作表结构

在顶端插入 1 行，调整此行行高为 20。

合并及居中 A1：G1 单元格，输入文本"储蓄存款单"，并设置文本垂直居中。

填充数据：

自动填充"本息"：本息 = 金额 * （1 + 期限 * 年利率/100）。

将编辑好的 Sheet1 工作表复制到 Sheet2。

（3）处理数据

筛选 Sheet2 工作表：

条件：筛选出"建设银行"，期限为 3 年或 5 年的记录。

要求：使用高级筛选，并将筛选结果复制到其他位置。

条件区：起始单元格定位在 H25。

复制到：起始单元格定位在 A30。

（4）建立数据透视表

根据 Sheet1 工作表的数据建立如图所示的数据透视表，要求：

行字段为"银行"，列字段为"期限"，数据项为"金额"之和。

显示位置："新建工作表"，名称为"储蓄存款透视表"。

最后将此工作簿以原文件名保存。

| 求和项：金　额 | 期　限 | | | |
|---|---|---|---|---|
| 银　行 | 1 | 3 | 5 | 总计 |
| 工商银行 | 12500 | | 3000 | 15500 |
| 建设银行 | 3000 | 1500 | 4000 | 8500 |
| 农业银行 | 1000 | 3000 | 9700 | 13700 |
| 中国银行 | | 11000 | 1000 | 12000 |
| 总　计 | 16500 | 15500 | 17700 | 49700 |

4. 编辑工作表（Sheet1）（2006 年）

打开 Excelkt 文件夹下的 cjgl. xls 工作簿文件，进行如下操作：

（1）调整工作表结构

在第一行上方插入一行，调整此行行高为20。

合并及居中 A1：E1 单元格，输入文本"学生成绩表"，并设置文本垂直居中。

填充数据：

自动填充"总评成绩"：总评成绩＝期末成绩×80％＋平时成绩×20％。

将 Sheet1 工作表重命名为"计01班学生成绩"。

（2）处理数据

根据"计01班学生成绩"工作表中的数据，统计：

按"总评成绩"统计考试人数、各分数段人数、最高分、最低分、平均分，填写到"成绩分析"工作表中。

计算各分数段人员所占的比率，并写到"成绩分析"工作表中。

（3）建立图表工作表

按如下要求对"成绩分析"工作表进行操作：

绘制图表，分类轴为"各分数段"，数值轴为"各分数段人数"。

图表类型：簇状柱形图。

添加标题：学生成绩统计表。

图例：靠右。

图表位置：作为新工作表插入；工作表名："学生成绩统计图表"。

最后将此工作簿以原文件名保存。

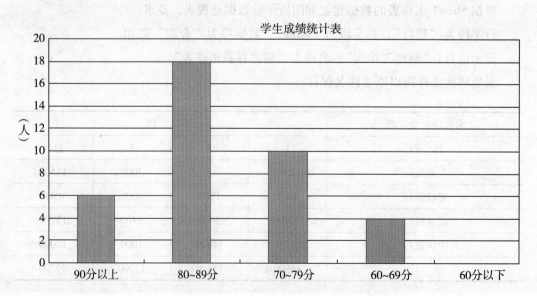

5. 打开 Excelkt 文件夹下的 xsqk.xls 工作簿文件，进行如下操作：（2006）

（1）编辑工作表（Sheet1）

调整工作表结构：

在第一行上方插入一行，调整此行行高为 20。

合并及居中 A1：F1 单元格，输入文本"销售情况表"，黑体、14 磅、蓝色。

填充数据：

自动填充"销售金额"：销售金额＝市场价格×销售台次。

格式设置

A2～F2 单元格字体为宋体，12 磅，加粗，居中。设置 A～F 列为最合适的列宽。

插入 Sheet2 工作表，并将编辑好的 Sheet1 工作复制到 Sheet2。

（2）处理数据

对 Sheet2 工作表分类汇总：

要求：按"销售分公司"汇总求和："销售台数"、"销售金额"。

将 Sheet2 工作表名修改为"销售情况汇总"。

（3）建立图表工作表

按如下要求对"销售情况汇总"工作表进行操作：

绘制图表，分类轴为"销售分公司"，数值轴为"销售金额"总和。

图表类型：饼图。

添加标题：销售汇总图表。

图例：靠右。

数据标志：显示百分比。

图表位置：作为新工作表插入；工作表名："销售情况汇总"。

最后将此工作簿以原文件名保存。

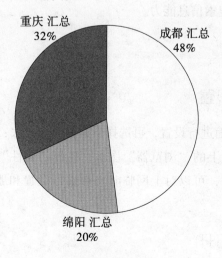

重庆 汇总
32%

成都 汇总
48%

绵阳 汇总
20%

**销售汇总图表**

# 项目五　因特网应用

　　Internet 是世界上最大的计算机互联网，凡是采用 TCP/IP 协议并且能够与 Internet 中的任何一台主机进行通信的计算机，都可以看成是 Internet 的一部分。Internet 是成千上万条信息资源的总称，这些资源以电子文件的形式，在线地分布在世界各地的数百万台计算机上；Internet 上开发了许多应用系统，供接入网上的用户使用，网上的用户可以方便地交换信息，共享资源。Internet 也可以认为是各种网络组成的网络，它是使用 TCP/IP 协议（传输控制协议/网间协议）互相通信的数据网络集体。Internet 是一个无级网络，不专门为某个个人或组织所拥有及控制，人人都可以参与。

## 实训一　万维网（WWW）应用

### ⊙ 实训目标

1. 通过实训使学生能够讲述万维网的基本概念。
2. 能够叙述浏览器的基本操作。
3. 能够叙述打开、保存网页。
4. 能够叙述下载、搜索信息能力。

### ⊕ 实训基础知识

#### 一、IE 浏览器的设置

　　要对 IE 浏览器的界面进行设置，可选择下面的操作方法：

　　用鼠标右键单击桌面上的"浏览器"图标，选择"属性"菜单，在"内容"菜单中我们可以设置更改主页，可以对上网临时文件进行设置和删除，还可以对上网的历史记录进行清除。

#### 二、IE 浏览器的打开

　　要打开 IE 浏览器，可选择下面的操作方法之一：

（1）双击桌面上的"浏览器"图标。

（2）打开"开始"菜单，选择"程序"项，单击"Internet Explorer"命令。

（3）单击任务栏上的 IE 浏览器快速启动图标。

启动 IE 浏览器以后，系统默认主页站点链接网站。网站连接成功后，首先显示在浏览器窗口中的第一个网页就是所设的主页内容。清华大学网站主页如下图所示。

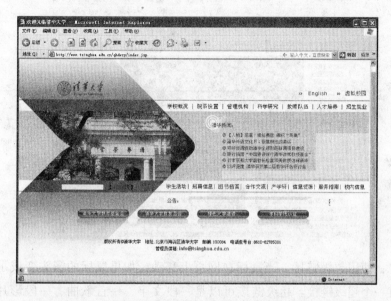

Internet 上的网站是由大量的网页和数据信息组成的，在进行网页浏览之前，你必须先知道网站的 URL（统一资源定位符），一般简称为网址。

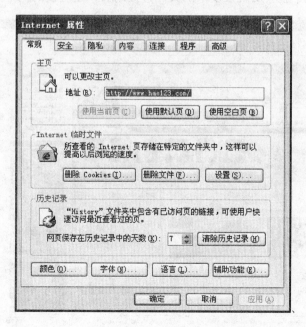

步骤一：输入网址。单击"地址栏"，输入 http：//www.sohu.com/，按回车键。在打开网页的过程中，浏览器下边的状态栏显示出当前正在从远端 Web 服务器上下载页面信息到本地计算机，并且状态栏上出现相应的工作过程状态，搜狐网站如下图所示。

步骤二：使用超级链接。当鼠标在网页上移动，如果鼠标的箭头变成了手型，则表明此处有一个超级链接。超级链接可以是一段文字、一首歌曲、一段影片、一段动画或者是一个网页。单击超级链接，就可以显现超级链接的内容。例如：单击"校友录"这一超级链接，就会出现校友录的具体链接网页，超链接的例子如下图所示。

步骤三：浏览网页。在浏览网页的窗口中看网页时，有一些工具经常会用到，我们简单介绍一下它们的功能：

（1）"后退"按钮；在浏览过程中，若想回到上一页，我们可以单击工具栏中的"后退"按钮，每按一次倒退一页，当回退到第一页（即主页）时，该按钮将变成暗色，表明此按钮功能当前失效，如下图所示。

（2）"前进"按钮：在单击"后退"按钮后，若想回到最近浏览的页面时，可单击"前进"按钮，每按一次前进一页，当我们在双击 IE 图标启动主页时或者在最新的浏览网页时"前进"按钮此时失效，如下图所示。

（3）"历史"按钮：如果想查看最近几天访问过的网址，请单击工具栏中的"历史"按钮，IE 将在左面窗口中，显示最近浏览过的网页地址，单击其中一个，即可显示相应的页面，如下图所示。

（4）"收藏"按钮：在浏览网页的过程中，经常会发现一些自己喜欢的站点，若想以后经常来这里浏览，可以使用"收藏"菜单中的"添加到收藏夹"建立自己喜欢的

站点集锦。当单击"收藏"按钮时，IE 将在左面窗口中，显示收藏过的网页地址，单击其中一个，即可显示相应的页面，如下图所示。

（5）"停止"按钮：当浏览器下载信息时，可能由于网络线路繁忙，网页中的信息，尤其是图片、动画等多媒体信息，在很长时间也无法完全下载，此时可按"停止"按钮结束下载过程。

（6）"刷新"按钮：在网页信息显示不完整或内容陈旧的情况下，可以单击工具栏中的"刷新"按钮（如       ），重新将当时的网页从服务器上传输到本地。

（7）"主页"按钮：用户通过超级链接层进入网站，浏览深层次的网页时，时常希望回到主页上重新访问其他内容，此时单击工具栏中的"主页"按钮（如       ）即可迅速返回主页。

## 三、保存信息操作

保存网页：在浏览 www 的过程中，常常要将某些精美的图篇保存在自己的磁盘上，以便日后阅读或参考。

方法一：要将当前的页面存为文件，选择"文件"菜单中的"另存为"命令，打开"另存为"对话框。按照 Windows 环境中保存文件的一般办法保存文件。

方法二：保存部分文字或文件，可以像在文字处理软件（如 Word）中一样，先选择需要保存文本的部分，选定后再进行"复制""粘贴"的操作即可。

方法三：保存图片，可以选择在图片上右击鼠标，在弹出的快捷菜单中单击"图片另存为"命令，打开"另存为"对话框保存图片，设定保存路径就可以保存到相应的硬盘目录中。如果在弹出的快捷菜单中单击"设置为墙纸"命令，可将图片设置为显示器的桌面背景。

方法四：链接页的保存，保存网页中的链接可以通过保存网页，打开"文件"菜单，选择"另存为"按钮，选择路径即可。

### 四、收藏夹操作

网上的世界很精彩，如果要把一些感兴趣的网页记下来，则不妨充分利用浏览器中自带的网页收藏夹功能，把网页添加到收藏夹，操作方法简单。

方法一：直接添加法

用鼠标点击 IE 浏览器中的"收藏"菜单，选择"添加到收藏夹"命令就会出现一个提示窗口，然后在窗口中为网页输入一个容易记忆的名称（也可以不输入），接着在"创建到"旁边的目录栏中选择存放的路径。如果想把网址保存在新的目录中，则可以点击"新建文件夹"按钮，输入目录名称再确定退出就完成收藏夹的添加工作了，如下图所示。

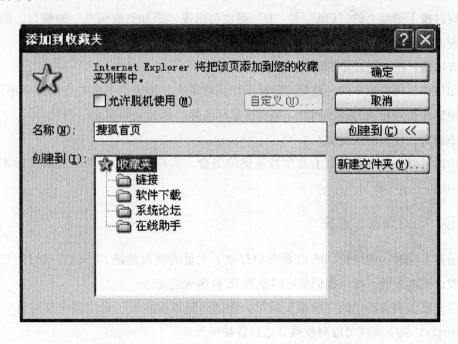

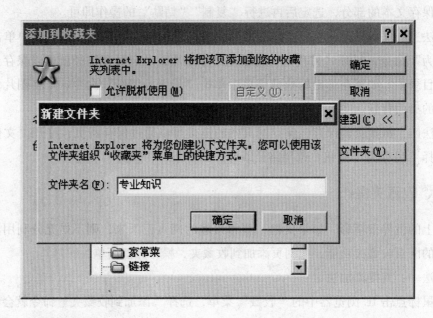

方法二：右键添加法

在当前网页的空白处点击鼠标右键，然后在弹出的菜单中选择"添加到收藏夹"，然后再按上述方法进行操作。

方法三：快捷键添加法

同时按下键盘上的"Ctrl"和"D"键也会出现"添加到收藏夹"的窗口，而且使用这种方法来得更快捷些。

方法四：网页链接添加法

如果你想把网页中的一些网页链接添加到收藏夹，则完全不必先点击打开再添加，只要用鼠标指向有关的链接网址，再右击鼠标选择"添加到收藏夹"则可。

**小知识**：什么是快捷键？

快捷键就是通过对键盘上几个特定键的组合，实现要多次移动、点击鼠标才能实现的功能。

## 五、如何整理收藏夹

随着上网时间的增长，IE 收藏夹中存放了大量的网页地址，不但查找时间长，而且管理也很不方便，所以我们要定时整理 IE 收藏夹的记录：

首先点击浏览器中的"收藏"菜单，选择"整理收藏夹"命令调出整理窗口（如下图所示），接下来就可以对收藏夹进行各种操作：

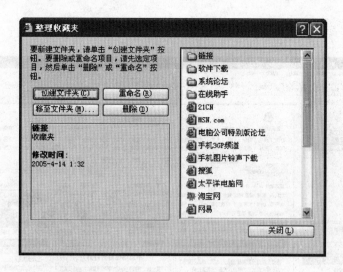

（1）创建文件夹：有关操作方法参阅上述介绍。

（2）记录重命名：用鼠标点选一个文件夹或一条记录，然后点击"重命名"按钮，再重新输入新名称，回车确定就 OK 了。

（3）移动文件夹：

方法一：用鼠标点选一个文件夹或若干条记录，然后按下鼠标左键不放并上下移动鼠标到适当位置，再放开鼠标即可完成。

方法二：用鼠标选定操作目标后，点击"移至文件夹"按钮，再选择目标文件夹并确定也可以达到目的。

小提示：按下键盘上的"Ctrl"或"Shift"键，再用鼠标点击不同记录则可以同时选定多条记录。

（4）删除文件夹：这个很简单，只要用鼠标选定操作目标，再点击"删除"按钮就行了。

## 六、搜索的使用

随着 Internet 的迅速发展，网上的信息以爆炸的速度不断丰富和扩展，而这些信息散步在无数的服务器上，就像一个个包罗万象的图书馆，如果没有目录和索引工具，将很难找到需要的信息。要在这个信息海洋中航行，必须学会使用搜索工具。IE 为用户提供了多种搜索方式，这些方式即可以搜索 Web 站点 Internet 上的用户及文本也可以通过专门的搜索引擎搜索你感兴趣的信息，例如用 Google 或 Baidu 软件。

### （一）"搜索"当前 Web 网页中的文本

（1）单击"工具栏"上的"搜索"按钮，浏览器窗口左侧的"搜索栏"被打开，如下图所示。

（2）在地址栏中，键入 go、find 或?，再键入要搜索的单词或短语，按回车键，IE 就开始搜索。例如我们在地址栏中键入"? qq 动漫"按回车键，就会列出当前相关网页的名称和内容。如下图所示。

（二）在一页内进行搜索

用户查看某些网页时，可能对某些特定的"关键词"感兴趣，可采取以下的方法：

（1）选择"编辑"菜单的"查找"命令，等屏幕显示如下图所示的对话框。

（2）在查找内容框中键入关键词。

（3）可选择"全字匹配"复选框和"区分大小写"复选框。

（4）选定"向下"单选按钮选框。

（5）单击"查找下一个"按钮，IE 将从该页上搜索与关键字相同的内容并重点显示出来，便于用户进行操作。

## （三）利用搜索引擎搜索网上信息

目前功能强大的网页搜索服务工具有很多，他们被称为搜索引擎。我们以百度（Baidu）为例，介绍搜索引擎的使用方法。

单击"地址栏"，输入 http：//www.baidu.com 按回车键，屏幕显示如下图所示。

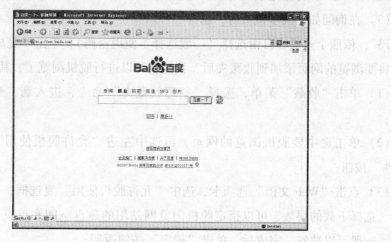

搜索的方法很简单，首先选择我们搜索内容的大项，然后在内容栏中键入我们需要搜索的内容，然后点击回车即呈现我们需要的内容。

## 七、页面的打印和脱机浏览

### （一）页面的打印

在我们浏览网页的时候，对于有价值的网页常常需要保留所以这就需要将该网页打印出来，打印的方法与 Windows 中打印其他文档的方法一致，单击工具栏中"打印"按钮或"选择"菜单中的"打印"命令即可。

### （二）设置脱机浏览

设置脱机查看网页后，可以在计算机未与 Internet 连接时阅读网页的内容。例如，在无法连接网络或 Internet 时，可以在便携机上查看网页。或者不用连接到电话线就可以在家中阅读网页。可以指定有多少内容需要脱机阅读，例如只是一页还是某一页及其所有链接，并且选择如何在计算机上更新这些内容。如果只想脱机查看网页而不需要更新内容，可以将此页保存在计算机上。保存网页的方法很多，可以只保存文字，也可以保存所有的图像和文字，使这一页和在 Web 上显示的一模一样。

首先我们将要浏览的网页添加到收藏夹中，具体方法如下：

（1）打开想要脱机浏览的网页，单击"收藏"菜单，选择"添加到收藏夹"，便进入到"添加到收藏夹"对话框，选中"允许脱机使用"复选框；

（2）单击"自定义"按钮，启动"脱机收藏夹向导"，然后单击"下一步"按钮，此时系统会提示"要收藏夹的该页包含其他链接，是否要使链接的网页也可以脱机使用?，选择"是"，再指定下载与该页链接的网页层数，单击"下一步"按钮；

（3）在询问如何同步该页时，选择一种后单击"下一步"按钮，系统提示"是否有密码"，依照个人喜好自由选择（一般选择不使用密码），单击"完成"按钮；

将要浏览的网页添加到收藏夹后，我们就可以进行脱机浏览了，其方法是：

（1）单击"收藏"菜单，选择"整理收藏夹"命令，进入到"整理收藏夹"对话框；

（2）单击选中要脱机浏览的网页，再选中左边"允许脱机使用"复选框，单击"属性"按钮；

（3）点击"Web 文档"选项卡，选中"允许脱机使用"复选框，单击"下载"选项卡，选择下载的层数，可以指定脱机浏览网站用的磁盘空间和该页更新后发送电子邮件，一般可以缺省，完成后，单击"确定"按钮返回；

此后当连接到 Internet 后，从"工具"菜单中单击"同步"，开始下载脱机浏览的网页，完成后，从"文件"菜单下单击"脱机工作"，就可以脱机浏览了。

## 八、下载文件操作

网络中经常会遇到一些很珍贵的文件，对于这些文件我们有必要将它们保存下来，这就是下载文件，文件的下载可以分为两类：①对于文本文件可以在网页中点击工具栏的"文件"选择"另存为"按钮，页面出现的保存路径和 Windows 中保存的方法相同；②对于应用软件的下载可以通过点击鼠标右键选择"另存为"或者使用专用的下载工具下载如：网际快车、迅雷等。

### ⊕ 实训实例指导

某模拟网站的主页地址是 http：//culture. china. com/zh_ cn/zhuanti/Worldchinese/chinamap. htm，打开此主页，浏览"中国和中华民族"页面，将页面内容以文本文件的格式保存到指定的目录下，命名为 zghzhmz. txt。

解：本题目考核使用 IE 浏览器浏览网页的操作，利用超链接在网页中跳转，以及在网页中查找内容的操作，保存网页操作，上网后打开 IE 浏览器，在地址栏中键入网页的地址（如下图所示）并回车，便可以进入相关的网页。地址的格式一般如下：协议：//域名/路径/文件名。

超级链接是指向其他网页的链接（如下图所示）。鼠标指向它，指针会变成手型，单击便可跳转到相应的网页。在网页中也可以查找相关的内容，使用"编辑"菜单中的"查找"命令即可。

本题的操作步骤如下：

（1）打开 IE 浏览器，在地址栏中键入模拟网站主页地址，并按回车键。

（2）单击"中国和中华民族"超级链接。

（3）使用"编辑"—"查找"菜单命令打开"查找"对话框，在"查找内容"

中输入"中华文学"并单击"查找下一个"按钮，找到后 IE 会选中该段文字，此时单击"取消"按钮关闭"查找"对话框，单击找到的超级链接打开"中国文学"页面。

（4）使用"文件"—"另存为"菜单命令打开"保存网页"对话框，在"文件名"中输入 zhgwx，在"保存类型"中选择"文本文件（＊.txt）"，单击"保存"按钮即可。

## 实训问答

在实际的操作中我们在地址栏中是不是可以输入中文汉字域名？

答：由于现在 IE 给我们提供了中文搜索，所以地址栏中可以输入汉字域名。

# 实训二　电子邮件（E-mail）应用

电子邮件 E-mail 成为通过 Internet 邮寄的信件。它有方便、快捷和廉价的优点，已经逐渐成为现代人生活交往中重要的通信工具，本节介绍 Microsoft 公司的电子邮件管理软件 Outlook Express 的使用。

### 实训目标

1. 能够讲述 Outlook Express 的作用。

2. 能够讲述 Outlook Express 的账号的设置方法。

3. 能够叙述邮件的编写、附件的添加。

4. 能够叙述邮件的设置、发送、保存等操作。

5. 能够叙述文件夹、通讯簿的管理。

## ⊕ 实训基础知识

### 一、Outlook Express 的运行和设置

每一个安装了 Windows 系统或者 IE 的人，都会安装到 Outlook Express。Outlook Express 作为一个邮件系统，最大的优势就是附在了 Windows 和 IE 当中，所以我们在这里为你详细介绍它！

Outlook Express 的特点是全中文，容易使用，而且可以将以前其他电子邮件客户程序的信件转移过来，解决了一些电子邮件软件无法阅读其他同类软件所收的信件的缺点。

### （一）启动 Outlook Express

启动 Outlook Express 有很多种方法，但这里介绍的是一种方便有效的查找并启动它的方法。

（1）单击"开始"按钮。

（2）指向"所有程序"。

（3）单击"Outlook Express"。

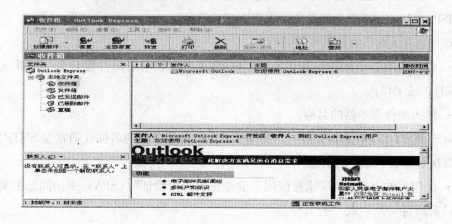

（4）如被问及是否愿意每次启动 Outlook Express 时都自动打开该账户，请单击"是"（如果您愿意），或"否"（如果不愿意）。

如果不希望再被问到同一问题，请单击以清除复选框"总是执行这项检查……"。

（5）选中"Outlook Express 启动时，直接转到'收件箱'"。

Outlook Express 会将所有来信送到"收件箱"，所以有必要绕过打开页面。

（6）如果您未在左边看到文件夹列表和联系人，单击"查看"菜单里的"布局"。单击选中"联系人"和"文件夹列表"，然后单击"确定"。

**Outlook Express "文件夹列表"**

## （二）设置一个 Outlook Express 电子邮件账户

Internet 连接向导使您可以为每个要设置的邮件账户逐步骤完成设置工作，从而简化了设置联机邮箱的任务。

（1）在开始设置之前，请先确认您的电子邮件地址和以下信息。（您可能需要联系您的 ISP，即 Internet 服务提供商，来获取相关信息）

首先是有关电子邮件服务器的信息：

· 您使用的电子邮件服务器类型：POP3（大多数电子邮件账户），HTTP（例如 Hotmail），或 IMAP。

· 传入邮件服务器的名称。

对于 POP3 和 IMAP 服务器，需要确认传出邮件服务器的名称（通常是 SMTP）。

其次是有关您账户的信息：

· 确定您的 ISP 是否要求您使用"安全密码身份验证"（SPA）来访问您的邮件账户，只需回答"是"或"否"。

（2）启动 Outlook Express，在"工具"菜单里单击"账户"。

如果 Internet 连接向导自动启动，则跳至第四步。

（3）单击"添加"，然后单击"邮件"打开 Internet 连接向导。

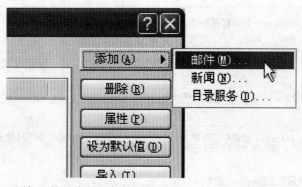

"添加"按钮中的"邮件"选项

（4）在连接向导的"您的姓名"页中键入您希望显示给每个收件人的名称，然后单击"下一步"。

多数人使用全名，但您可以使用任何可识别的名称，甚至可以是昵称。

（5）在"Internet 电子邮件地址"页中键入您的电子邮件地址，然后单击"下一步"。

（6）在"电子邮件服务器名"页中，填入您在第一步从 ISP 那里收集的第一部分信息，然后单击"下一步"。

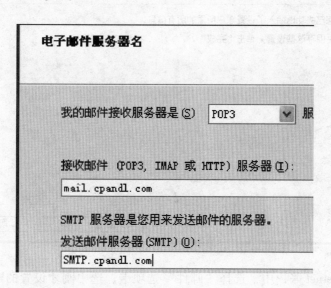

（7）在"账户名："字段中输入你的 163 免费邮用户名（仅输入@前面的部分）。在"密码："字段中输入你的邮箱密码，然后单击"下一步"。

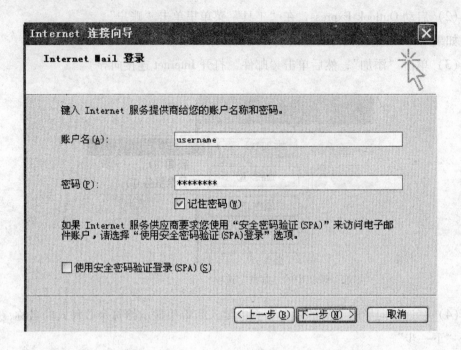

(8) 点击"完成"。

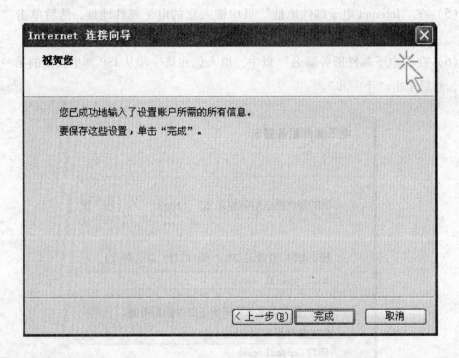

(9) 在 Internet 账户中,选择"邮件"选项卡,选中刚才设置的账号,单击"属性"。

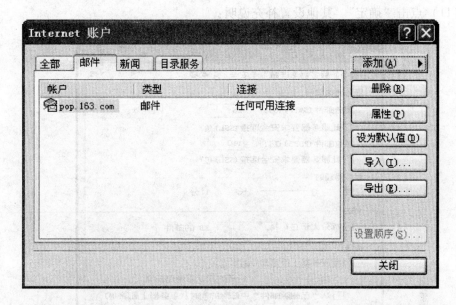

（10）在属性设置窗口中，选择"服务器"选项卡，勾选"我的服务器需要身份验证"。

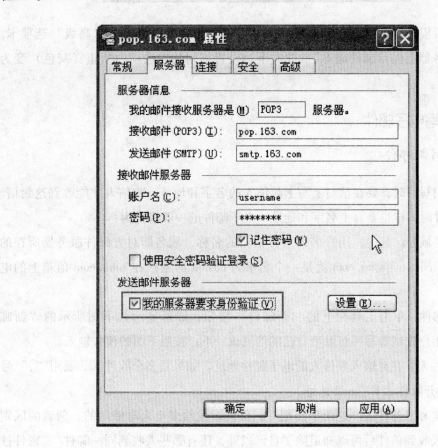

（11）点击"确定"。其他设置补充说明：

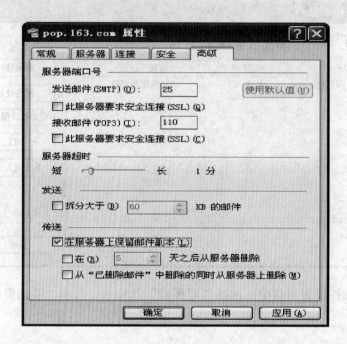

如果你希望在服务器上保留邮件副本，则在账户属性中，单击"高级"选项卡。勾选"在服务器上保留邮件副本"。此时下边设置细则的勾选项由禁止（灰色）变为可选（黑色）。

## 二、撰写电子邮件

### （一）写新邮件

平常我们写信时，要在信封上写上收信人的名字和地址，收信人才能收到这封信。在寄电子邮件时同样也要写上名字和地址。电子邮件的一般格式为：

用户名@域名。其中，用户名即对方信箱的名称，域名即对方邮件服务器所在的位置。例如：custon@sohu.com 就是一个名字为 custon 的用户在 sohu.com 信箱上的电子邮件地址。

建立新邮件，单击工具栏上的"新邮件"按钮，屏幕显示如下图所示的"新邮件"窗口。用户先试着写一封发给自己的信测试一下，按照下图的模式输入。

（1）收件人。在此输入收件人的电子邮件地址。如果是多个收件人，要用","号或"；"号隔开收件者 E - mail 地址。

（2）抄送和密件抄送。这两项是把一封信同时发给多个人时使用的。两者的区别是"抄送"人收到信件后可以知道除了自己以外，还有哪些人收到同一邮件。"密件抄

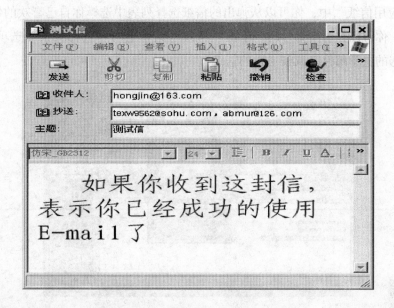

送"人收到信后，不知道还有哪些人收到同一邮件。

（3）主题。是对邮件内容简单概括的名称和题目，让收件人通过主题能够讲述邮件的内容概括。

（4）在下面的文本框中输入邮件的正文，正文是邮件的主要信息部分。

完成这操作后，一个新的邮件就写成功了。

## （二）选择信纸

您是否对发送那些单调的白色背景邮件感到厌烦了？使用 Outlook Express，只需选择您喜爱的信纸即可真正设计自己的邮件。选择了"新邮件"以后，选择菜单上的"格式"，系统会弹出如下图的对话窗口：

在"应用信纸"中，你可以从弹出的信纸选择列表中选择你自己喜欢的信纸。

或者，你可以在写新邮件时，单击"格式"菜单上的"选择背景"选项，可以选择与适合您的电子邮件基调和主题的信纸：

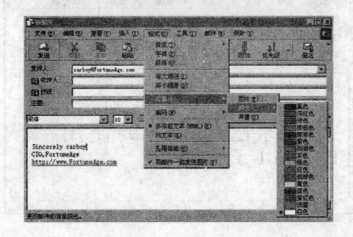

（三）插入文件附件

发送电子邮件时，可以将其他文件作为附件传送给收件人。作为附件传送的文件可以是任何格式的计算机文件。现在我们在一个写好的"贺卡"邮件中插入文件附件，操作如下：

单击工具栏中的"附加"按钮，屏幕显示如下图所示的"插入附件"对话框。选中要发送的附件文件，例如："网络—基础"，然后按"附件"按钮，这时，在窗口中"主题"文本框下面开出一个新的"附件"文本框，里面是附加文件的图标、名称和大小，如下图所示。

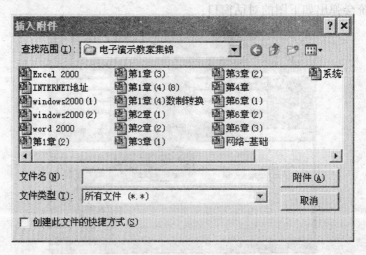

在一封"html"格式的邮件里，我们在要插入超链接的位置单击，单击"插入"菜单，选择"超级链接"选项，在超链接类型里可以选择超链接的类型，这里我们使用默认值"http："，在"URL"文本框里输入要链接的地址，单击"确定"按钮，此时邮件里多了一个超级链接了。收件人在收到电子邮件后，单击这个超链接可以切换到相应的网页。

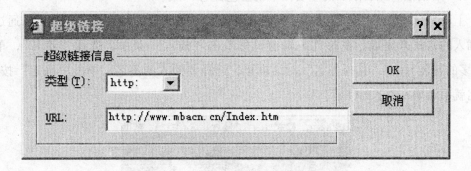

（四）添加邮件签名档

要使用签名功能首先要创建签名档。我们单击"工具"菜单，选择"选项"命令，单击"邮件格式"选项卡，在"签名"部分我们可以设置邮件使用的默认签名。我们单击"签名选取器"按钮，单击"新建"按钮，输入新签名名称，单击"下一步"，在签名文本中输入签名的内容。签名档的编辑和排版可以采用文本框中的操作按钮来实现。比如改变字体、字号等。

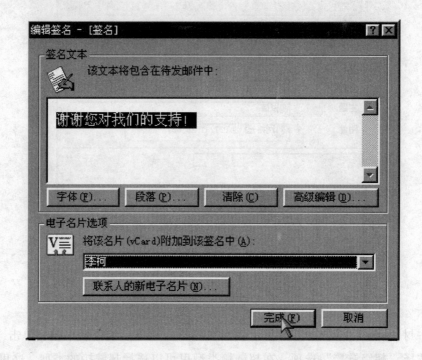

在联系人文件夹里有创建好的联系人的项目，在这里可以选择和签名对应的项目，作为附件插入电子邮件。我们单击"名片"下拉列表，选择相应的联系人。单击"完成"按钮。在"签名选取器"里选中我们刚才创建的签名，单击"确定"按钮退出"选项"对话框。此后添加的签名档中就会包含电子名片。

上面是自动添加签名档。有时我们需要插入一些其他的签名档，此时可以通过手动插入的方式来完成。在邮件编辑窗口里单击"插入"菜单，选择"签名"，单击"更多的签名"。在"选择签名"对话框里，选择要插入的签名，单击"确定"按钮，签名就手动插入电子邮件了。

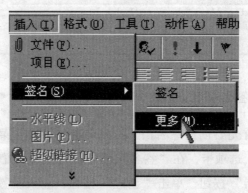

### （五）插入图片

在一封电子邮件里，我们在要单击插入图片的位置单击，单击"插入"菜单，选择"图片"选项，就会出现下图所示内容，然后单击"浏览"选项，可以选择路径，如下图所示。

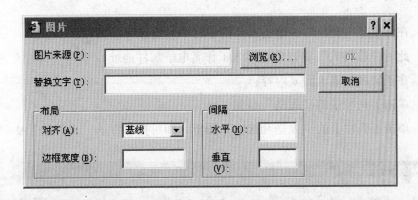

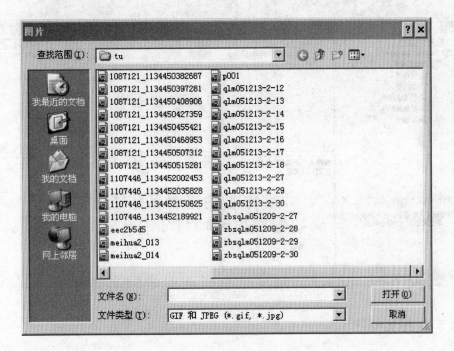

### 三、收发电子邮件

### （一）接收、阅读电子邮件的步骤

（1）与 Internet 连接并启动 Outlook Express；

（2）单击工具栏上"发送和接收"按钮；

（3）选中"收件箱"；

（4）单击"发件人"，栏下也列出收到的任一邮件，即可在"收件箱"右下窗口中阅读该邮件，双击收到的任一邮件目标，则可打开一个新窗口阅读该邮件。

## （二）回复作者

（1）在阅读某一封信后，单击工具栏中的"回复作者"按钮；

（2）此时"收件人"窗口中已填入了作者电子邮件地址；

（3）在正文区中输入回复内容；

（4）单击工具栏中的"发送"按钮；

（5）单击工具栏上的"发送和接收"图标，即可把邮件从"发件箱"中发出。

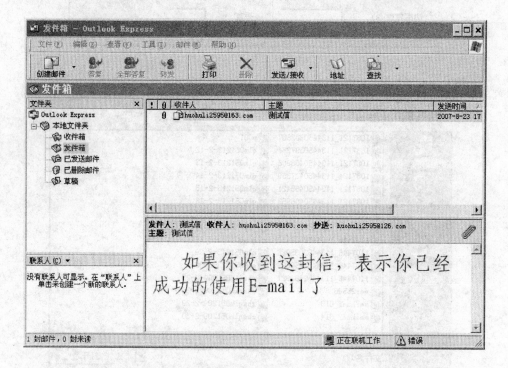

## （三）转发邮件

单击"转发邮件"按钮，其他操作与回复作者操作类似。与回复作者不同的是，因邮件系统不知道收件人会将邮件转向何处，转发邮件收件人的地址要自己给出，而邮件的往来线索也将自动放入邮件正文中。

## 四、管理文件夹

### （一）信箱管理

Outlook Express 中内置了 5 个信箱：收件箱、发件箱、已发送信箱、已删除信箱和草稿信箱。这 5 个邮箱的主要作用分别如下：

收件箱：所有接收到的信件都放在该文件夹中；

发件箱：所有等待发送的信件都放在该文件夹中；

已发送邮件：所有已发送的信件在该文件夹中做备份；

已删除邮件：若发件箱或收件箱中某些信件不再有保留的价值，用户可将其从信箱内删除，被删除的信件，直接放在已删除邮件信箱内。若在已删除邮件信箱中删除信件，即可将信件彻底从计算机中删除；

草稿：将未编辑完的信件作为草稿保存，供下次修改时使用。所有正在编辑的邮件都放在草稿文件夹内。

当然，用户还可以根据自己的需要，创建新的文件夹以分类存放邮件。操作过程如下：

在"Outlook Express"应用程序窗口中，单击"文件"—"新建"—"创建文件夹"，给定文件夹名称及所在位置，单击"确定"按钮，即可创建新文件夹，以保存邮件。

### （二）选项设置

发送电子邮件的选项设置。

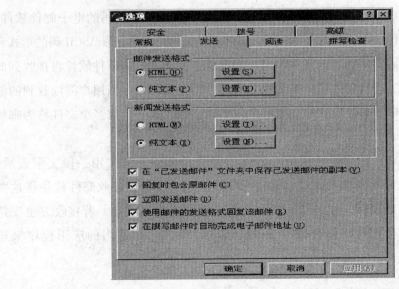

单击菜单栏中的"工具"—"选项"—"发送",出现邮件"选项"对话框,在该对话框中,可对发送电子邮件过程中的几个选项进行设置。

①选"在'已发送邮件'文件夹中保存已发送邮件的副本"项,则每次发送的邮件都在已发送邮件文件夹中保留副本。

②选"回复时包含原邮件"项,则在每次回复(Reply)作者邮件时,来信的邮件也包含在回信中。

③选"立即发送邮件",则立即发送新邮件。否则,新邮件将暂放在发件箱文件夹队列中,并不立即发送出去。直到单击工具栏上的"发送和接收"命令按钮,将发件箱中的所有待发邮件队列一次发送出去。对于拨号上网的用户来讲,去掉该选项,即将所有要发送的邮件都放在发件箱文件夹中,等到所有要发送的邮件全部编辑好,再点击"发送和接收",选择"拨号网络"上网,所有的邮件即可一次发送出去,节省上网时间。

④在"邮件发送格式"一栏中,Outlook Express 为用户提供了两种邮件发送格式:纯文本和 HTML。使用 HTML 格式发送的邮件,只有支持 HTML 格式的邮件程序才能阅读,因此,建议用户使用纯文本格式发送电子邮件。

选"纯文本"项,单击"设置"按钮,出现对话框见下图。在该对话框中选"MIME"单选项。

提示:MIME(Multipurpose Internet Mail Extention)多用途 Internet 的邮件扩展,它是 Internet 上常用的编码格式。使用 MIME 编码既可发送文本邮件,还可发送二进制文件,包括图形、动画、声音等多媒体的二进制文件和程序。收发二进制信息有一个编码和解码的过程,编码是将二进制文件转换成文本文件格式,解码则正好相反。编码和解码均是由收发电子邮件的软件自动来完成的。支持 MIME 编码的电子邮件软件,将二进制文件如图像文件、动画文件和声音文件等做编码处理后,以 ASCII 码的形式和普通的文本邮件一同传递到目的主机,而目的主机支持 MIME 的邮件软件将接收到的数据信息解码,把二进制文件和文本文件分离并分别存储起来。当用户阅读收到的邮件时,发送和接收电子邮件的软件会为用户列出该文件。这一个或多个文件称为邮件的附件(Attachment)。

通常,发送方将一些问候的话或对附件的说明在邮件正文中用一段文字表示,而一段录音或一张照片则作为附件,支持 MIME 格式的发送和接收邮件软件将这两部分做不同的编码处理后,和普通的文本文件一样发送给接收方,若接收方也支持MIME 格式,则它会把这个附件保存成某个文件,并且,用适当的应用程序来运行它。

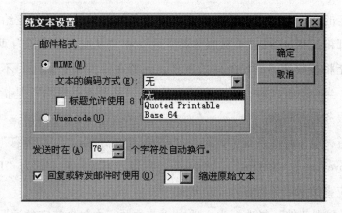

### (三) 远程邮件服务器的管理

通过客户端软件即可对远程邮件服务器进行管理。在 Outlook Express 5.0 中，通过"邮件规则"对远程邮件服务器进行管理。具体方法如下：

从"工具"—"邮件规则"—"邮件"，打开"新建信箱管理"对话框；在该对话框中单击"新建"按钮，打开"新建邮件规则"对话框（如下图所示）。

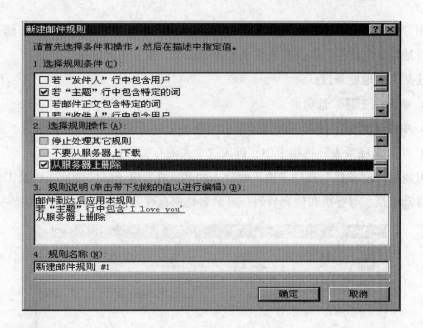

在"选择规则条件"复选框中，可设置邮件规则条件。包括：发件人、收件人、主题、账号等多个选项，并且可以同时选定多项规则条件，这些规则之间是逻辑"与"的关系。

在"选择规则操作"复选框中，设置对满足上述规则条件的邮件处理的方法，主要包括邮件的管理和远程邮箱的控制方法。邮件的管理主要包括：将满足条件的邮件自动传送到指定的文件夹中，也可以指定将满足条件的邮件自动转发给通讯簿中的联系人；对远程邮箱控制包括："不从服务器下载"和"从服务器删除"两项。"不从服务器下载"是指将接收到的满足条件的邮件，保留在邮件服务器上，不下载到客户机上，但不删除，当你想下载时，再改变这个条件；"从服务器删除"是指将满足条件的邮件，直接从服务器上删除。

大家都知道，电子邮件系统中，有一种很流行的邮件病毒"梅丽莎"，其特征是邮件主题为"I Love You"。为了预防"梅丽莎"病毒，当接收到主题为"I Love You"的电子邮件时，应直接从服务器删除。方法如下：

（1）"选择规则条件"复选框中，选中"若主题行中包含特定的词"一项；

（2）单击"规则说明"一栏中带下画线的蓝色文字"包含特定的词"，在出现的"键入特定文字"对话框中，输入"I Love You"；

（3）在"选择规则操作"复选框中，选"从服务器删除"项；

（4）单击"确定"按钮即可。

## （四）创建新联系人

请用"工具"选项在个人通讯录中添加条目。个人通讯录的条目可用来储存姓名、电子邮件地址、电话号、办公室或住宅地址、说明、组、主页链接等信息。

创建某人的地址条目：

（1）单击"工具"选项卡。

（2）单击"新建"图标。此时屏幕上出现一个对话框。

（3）在"新联系人"选项卡中，键入这个人的有关信息。

您可通过"新条目"选项卡输入收件人的名、姓、电子邮件地址，以及工作单位、住宅、移动电话、寻呼机和传真号码。显示名是您在姓名字段中输入的名字。

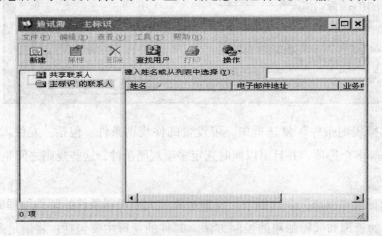

（4）如果想输入收件人的邮政地址、主页以及生日等信息，可单击"详细信息"选项卡。

（5）若需添加有关收件人的说明，可单击"说明"选项卡。

例如，如果收件人与您都是某俱乐部的成员，则可在说明框中输入俱乐部的名称。

（6）单击"组"选项卡以显示一个邮件组列表。

其中列有您创建的地址组列表。若需将收件人添加到某个组内，可单击该组名称旁边的复选框，以将其选中。

备注："新条目"对话框中的每一选项卡底部都有三个按钮，供您确认（"确定"按钮）、放弃修改（"取消"按钮）或获得帮助（"帮助"按钮）。

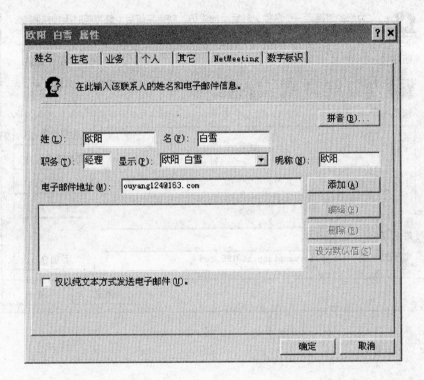

（五）创建新组

如果经常向某组收件人发送邮件，可使用此选项。

创建新组：

（1）单击"文件"选项卡。

（2）单击"新建组"图标。此时屏幕上出现"新建组"选项卡。

（3）在"组名"字段中输入一个名称。该名称可为对这个电子邮件用户组的描述。

（4）从右面标有"其他条目"的面板上选择需包含在"新组"中的个人。

（5）单击左向箭头可将该电子邮件收件人移动到左边的"组包括"面板。

（6）单击右向箭头＞可从"组包括"面板中移除某人名，并将其放置到"其他条目"面板。

（7）若需说明新组的情况，可单击"说明"选项卡。

备注："新组"对话框中的两个选项卡底部都有三个按钮，供您确认（"确定"按钮）、放弃修改（"取消"按钮）或获得帮助（"帮助"按钮）。

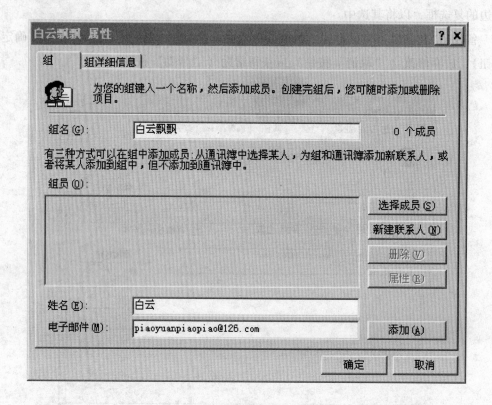

（六）查看组

请用"查看组"图标查看现有组的情况。

（1）单击"工具"选项卡。

（2）单击"查看"下拉列表，以选择要查看的组名。

（七）编辑组

需更改现有群组的情况，请用"编辑组"图标。

（1）单击"地址"选项卡。

（2）单击"查看组"下拉列表，以选择准备对之进行编辑的组名。

（3）单击"编辑组"图标。此时屏幕上将出现一个对话框，其选项卡中列有您选取的组名。

（4）若需添加电子邮件收件人，可从右边标有"其他条目"的面板中单击需添加到"新组"的人名。

（5）单击左向箭头将该电子邮件收件人移动到"组包括"面板。

（6）若需移除某电子邮件收件人，可单击该收件人的名字，然后单击右向箭头。此举将使该人名从"组包括"面板移到"其他条目"面板。

（7）删除某人名时，可先选取该人名，然后单击"删除"按钮。

（8）若需说明该组的情况，可单击"说明"选项卡。

备注："编辑组"对话框中的两个选项卡底部都有三个按钮，供您确认（"确定"按钮）、放弃修改（"取消"按钮）或获得帮助（"帮助"按钮）。

## ⊕ 实训实例指导

启动收发电子邮件的客户程序 Outlook Express，对其进行基本参数设置。

（1）假设某计算中心的发送邮件服务器和接收邮件服务器的主机 IP 地址都是 jsjzx. gzsums. edu. cn，如果管理员给某学生的账号为 PC315，那该学生的发送电子邮件地址和回复电子邮件地址都是：pc315@ jsjzx. gzsums. edu. cn，密码可设为：pc315。

操作提示：单击"工具/账号"—"添加"按钮，从弹出的菜单中选择"邮件"—根据向导要求，输入显示姓名、电子邮件地址、电子邮件服务器名、用户账号等，完成账号设置。

（2）把实验内容（1）所注册的新账号及密码，放在 Outlook Express 电子邮件管理器中，作为新的邮箱。网站的邮件服务器 IP 地址可用 DOS 命令"ping ＜网站域名＞"得到。如：C：\ WENDOWS ＞ ping hotmail. com

注意，能否成功还取决网站对第三方邮件管理器的认可设置和校园网防火墙的设置。

根据实际教学情况，设计几个常见的问题或学生易出错的问题或知识补充等。

## ✂ 实训巩固

1. 电子邮件操作（2006 年 a 卷）

从考试系统中启动 Outlook Express，查看收件箱中发送给考生的电子邮件，然后根据如下要求，进行电子邮件操作。

（1）将试题邮件转发到 forward@ hbtest. cn。

（2）按如下要求撰写新邮件：

收件人：receive@ hbtest. cn。

请在主题处输入：热门高校 BBS 站点列表。

请输入下述文字作为邮件内容：

新水木社区 www. newsmth. org

发送撰写的邮件。

（3）将"收件箱"中的试题邮件删除（放到"已删除邮件"即可）。

注：请考生只保留你认为正确的邮件（试题要求新建、回复或者转发的），把其他你认为自己做错的邮件都彻底删除，否则系统将会以最后一次发送的邮件为准。

网页浏览操作：

（1）打开教育网网络信息中心的主页 http：//www. nic. edu. cn，浏览其上侧导航栏的"注册服务"页面内容，并将最后浏览到的页面以文本的形式另存到考生目录下的 netkt 文件夹下，文件名称为 A. txt。

（2）登录搜索引擎 Google 主页 http：//www. google. com，利用关键字检索与"伊朗核问题"有关的站点。

（3）登录软件下载站点 http：//www. download. cn，下载"开放式考试系统试用版"，并以 A. exe 为名保存在考生目录的 NETKT 文件夹下。

2. 电子邮件操作（2006 年 b 卷）

从考试系统中启动 Outlook Express，查看收件箱中发送给考生的电子邮件，然后根据如下要求，进行电子邮件操作。

（1）将"收件箱"中收到的试题邮件用文件名"net. eml"另存到考生目录的 Netkt 文件夹中。

（2）回复试题邮件，要求如下：

主题：试题邮件收到

请输入下述文字作为邮件内容：

热门高校 BBS 站点列表：

南大小百合 bbs. nju. edu. cn

回复邮件中带有原邮件的内容。

注：请考生只保留你认为正确的邮件（试题要求新建、回复或者转发的），把其他你认为自己做错的邮件都彻底删除，否则系统将会以最后一次发送的邮件为准。

网页浏览操作

（1）打开教育网网络信息中心的主页 http：//www. nic. edu. cn，浏览其上侧导航栏的"目录服务"页面内容。

（2）登录搜索引擎 Google 主页 http：//www. google. com，利用关键字检索与"伊拉克大选"有关的站点，并将最后浏览到的页面以网页的形式另存到考生目录下的 Netkt 文件夹下，文件名称为 B. htm。

（3）登录软件下载站点 http：//www. download. cn，下载"导分数到 Access 库附加程序"，并以 B. exe 为名保存在考生目录的 NETKT 文件夹下。

（2）使用搜索引擎 Google，于 http://www.google.com，和其他搜索引擎一样，在搜索栏中输入关键词……，将光标移到所需链接项，观察状态栏中网址并记录其中一个Net网页的名字及网址名，它们为 8.htm

（3）打开 Internet 的浏览器，设置自动保存历史记录的天数……保存到U盘后，并打印出输入的网址。所有记录为 MENU 项目内容。

# 项目六　中文 PowerPoint 2003

Microsoft Office 是一个及 Word 字处理、Excel 电子表格、PowerPoint 幻灯片、Access 数据库、Outlook 办公管理于一身的集成软件，在 Office 家族中，Word 和 Excel 经常被大家用到，所以不是很陌生，但是，一提到 PowerPoint（简称 PPT）可能大家还对它比较陌生，其实如果您经常看一些电视教学节目，其中的动画效果就有很多是使用 PowerPoint 制作的，PowerPoint 就在您的身边，它的使用几乎和其他的 Office 组件是一样的，可以说一通百通。

现在我们来好好看看，PowerPoint 幻灯片的工作界面吧！

## 实训一　PowerPoint 2003 概述

### 实训目标

1. 学会 PowerPoint 2003 的启动和退出。
2. 认识 PowerPoint 2003 的界面。
3. 学会新建，打开，保存演示文稿。

### 实训基础知识

（一）PowerPoint 2003 的启动和退出

1. PowerPoint 2003 的启动
（1）通过"开始"菜单启动。
（2）通过打开已有的 PowerPoint 文件启动。
（3）通过桌面快捷方式启动。

2. PowerPoint 2003 的退出
（1）单击"文件"菜单，在子菜单中单击"退出"命令。
（2）单击窗口右上方的"关闭"按钮。
（3）单击 PowerPoint 窗口左上角的控制菜单图标，在下拉菜单中选择单击"关闭"，或直接双击该控制菜单图标。

## （二）PowerPoint 2003 的用户界面

1. 界面组成：标题栏、菜单栏、工具栏、任务窗格、状态栏
2. 视图方式：
（1）普通视图：视图方式，用于编辑幻灯片内容文本及备注文本。
（2）幻灯片浏览视图：整体查看所有幻灯片的设计。
（3）放映视图：用于播放幻灯片。
（4）备注视图：用于编辑幻灯片的备注信息。

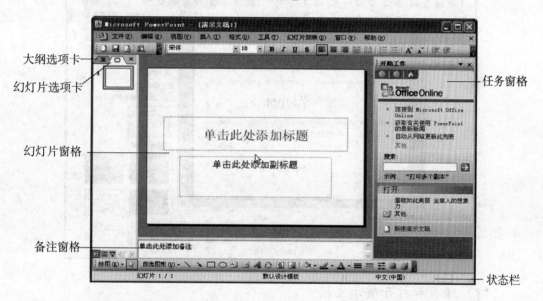

## （三）创建新的演示文稿

创建一个以"如何学习 PPT"为主题的演示文稿文件。
打开 PPT—单击文件菜单—新建。

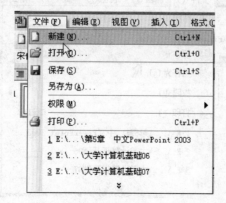

或者直接单击常用工具栏上的新建命令。

输入主题。

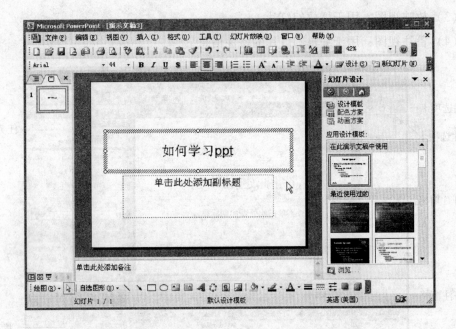

## （四）保存和打开演示文稿

### 1. 保存演示文稿

通过"文件"—"保存"或"另存为"命令。

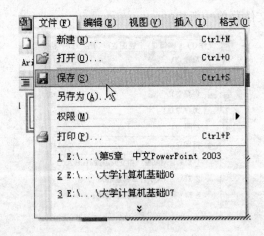

通过"常用"工具栏中"保存"按钮。

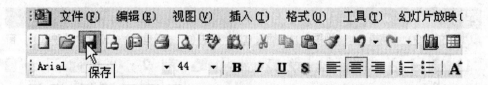

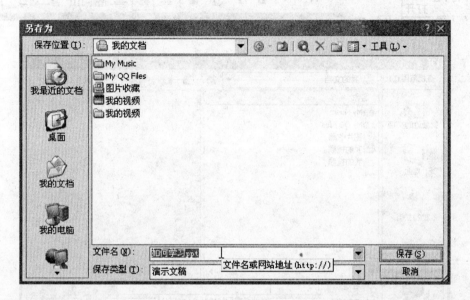

2. 打开演示文稿

通过"文件"—"打开"。

通过"常用"工具栏中"打开"按钮。

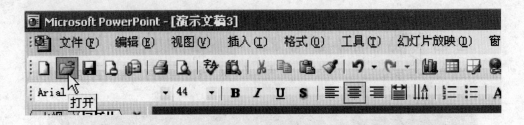

## 实训二 幻灯片页面内容的编辑

### 实训目标

1. 学会选择模板、版式、添加幻灯片。
2. 能够叙述文本的编辑，图片、图表的插入，视图的使用。
3. 学会编辑幻灯片内容。
4. 能够叙述打开、浏览、保存和关闭演示文稿操作。

### 实训基础知识

一、合理应用幻灯片版式

幻灯片版式：用于安排幻灯片中文本、图形和表格等对象在页面中的相当位置。

供有 31 种幻灯片版式。

幻灯片版式的应用：选中幻灯片，单击要应用的版式右侧的箭头，在出现的下拉列表中单击要应用的选项。

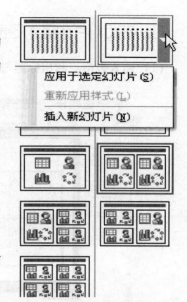

## 二、编辑幻灯片

1. 添加幻灯片

单击"格式"工具栏中"新幻灯片"按钮。

2. 移动幻灯片

利用剪切粘贴方法。

鼠标拖动法：拖动时有一个长条的直线就是插入点。

3. 复制幻灯片

利用复制粘贴方法；

Ctrl + 鼠标拖动法。

4. 删除幻灯片

Delete 键直接删除。

## 三、在幻灯片中添加文字信息

添加文字信息：单击占位符空白处，直接输入文本信息。

## 四、在幻灯片中插入图表和表格

### （1）插入表格：利用标题与表格版式

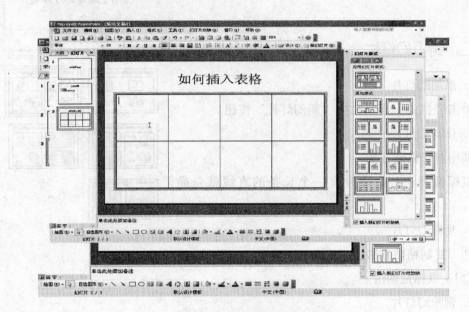

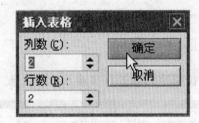

### （2）插入图表：利用"标题和图表"版式

## 五、在幻灯片中添加图形和图片

添加图形和图片。

利用带有剪贴画占位符版式，通过"插入"—"图片"命令。

## 六、在幻灯片中添加声音和影像文件

添加声音和影片：通过"插入"—"影片和声音"命令。

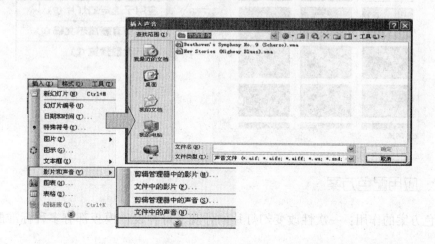

## 实训三　幻灯片页面外观的修饰

### 实训目标

1. 学会幻灯片的插入、移动、复制和删除操作。
2. 学会多媒体对象的插入，幻灯片格式的设置。
3. 能够叙述应用模板的选择和设置。
4. 能够叙述母版的制作方法。

### 实训基础知识

#### 一、应用设计模板

设计模板的概念：是一种模板类型的文件，利用设计模板可以快速地为演示文稿设置统一的外观。

设计模板的应用：单击"格式"—"幻灯片设计"命令，在任务窗格中单击任一种模板的右侧箭头，选中下拉列表中的要应用的选项。

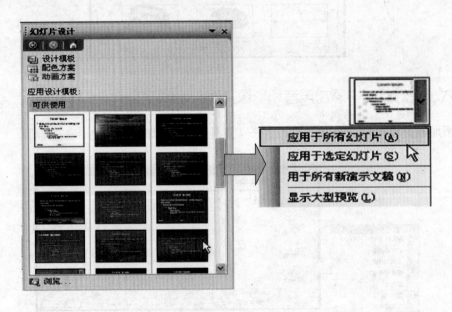

#### 二、应用配色方案

配色方案的作用：一次性改变幻灯片的外观，每种设计模板都有多种标准配色方案，用户也可以根据自己爱好创建自己的配色方案。

应用标准配色方案：单击"格式"—"幻灯片设计"命令，在"任务窗格"中单击"配色方案"，选中其中的任一配色方案。

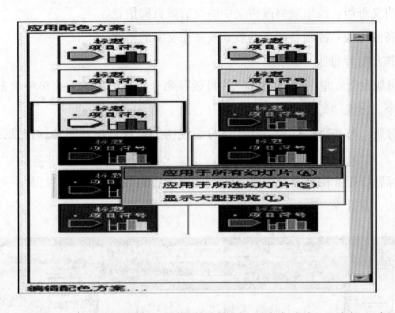

创建配色方案：在"配色方案"的任务窗格中，单击底部"编辑配色方案"，在出现的对话框中设置。

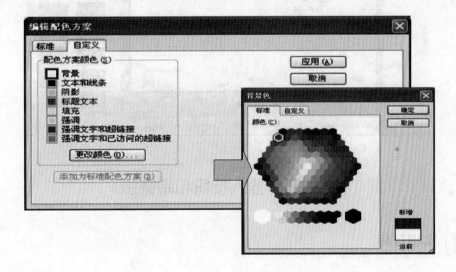

## 三、使用母版

### 1. 母版概念

是一种特殊的幻灯片，通过修改母版可以达到统一修饰幻灯片外观的目的。

母版的分类：

（1）幻灯片母版：控制幻灯片中标题与文本的格式。

（2）标题母版：控制标题幻灯片的格式与位置。

（3）讲义母版：添加或修改讲义中的页眉或页脚信息。

（4）备注母版：控制备注页的版式及备注文字的格式。

2. 修饰幻灯片母版

进入母版视图：单击"视图"—"母版"命令，在出现的子菜单中单击"幻灯片母版"命令，出现"幻灯片母版视图"。

修改母版：与普通幻灯片一样，在母版视图中可任意添加图片，背景，修改文字格式。

修饰标题母版：在母版视图中，选中标题母版幻灯片，在该幻灯片中可随意修改其文字格式、背景等。

# 实训四　插入按钮和超链接

## 📍 实训目标

1. 学会设置"动作按钮"和"超链点"。

2. 学会在幻灯片中插入数据及图标。

3. 能够叙述在幻灯片中插入图形。

4. 能够叙述表格和绘制组织结构图的插入。

## 实训基础知识

按钮和超链接的合理性应用可以大大加强演示文稿的操作性。

具体操作如下：

（1）单击幻灯片放映—选择动作按钮—选择合适的按钮图标。

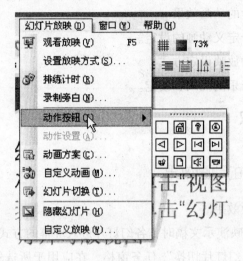

（2）编辑超链接。

（3）选择想要链接的目标。

（4）设置完成以后就可以很方便的使用了。

# 实训五　演示文稿的放映设置

## 实训目标

1. 学会设置幻灯片的动画效果。
2. 学会对动画中自定义动画的设定。
3. 能够叙述文稿的放映设定方式。
4. 能够叙述背景音乐的插入和设定。

## 实训基础知识

### 一、设置幻灯片的动画效果

1. 幻灯片间的切换效果

幻灯片切换是指放映演示文稿时，各幻灯片进入屏幕的方式。

设置方法：打开"幻灯片切换"任务窗格，在应用于所选幻灯片框内选择切换方式，并应用于所有幻灯片。

2. 幻灯片内对象动画的设计

设置动画效果时，还可以对每张幻灯片内部各元素设置动画效果。

运用动画方案：可将选定幻灯片中各元素设置成相同的动画效果。

设置方法：

（1）选中要设置动画的幻灯片。

（2）打开"动画方案"任务窗格。

（3）在应用于所选幻灯片中选择任一动画效果，并应用于所有幻灯片。

运用自定义动画：可将幻灯片中各对象设置成不同的动画效果。

设置方法：

（1）选中幻灯片中要设置动画的对象。

（2）打开"自定义动画"任务窗格。

（3）单击"添加效果"按钮。通过"添加效果"菜单选项，用户可以对指定对象进行"进入"、"强调"、"退出"和"动作路径"的设置。

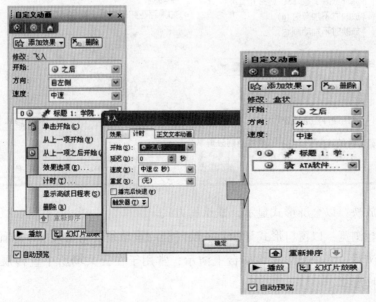

## 二、放映演示文稿

演示文稿创建好后，用户可以根据不同需要设置不同的放映方式。

设置放映类型。

单击"幻灯片放映"菜单中的"设置放映方式"命令，选择需要的放映类型。

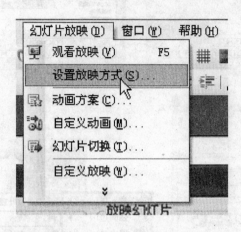

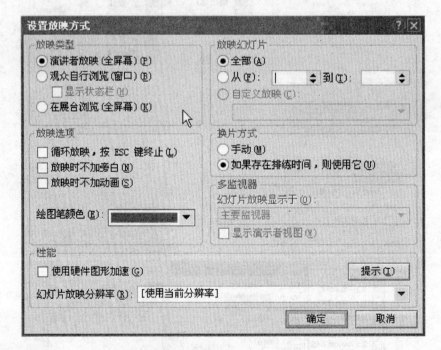

演讲者放映：以全屏形式显示，默认的方式。

观众自行浏览：以窗口形式显示，放映时利用滚动条或浏览菜单逐张显示。

在展台浏览：以全屏形式在展台上演示，常用于在公共场所中宣传展示，只能用排练计时切换屏幕。

**⊕ 实训实例指导**

制作一张普通的幻灯片。

（1）新建一张幻灯片，在"幻灯片版式"任务窗格中的"内容版式"下面选择一种幻灯片样式（我们这里选择"空白"样式吧）。

（2）将文本添加到幻灯片中：

输入文本：执行"插入—文本框—水平（垂直）"命令，此时鼠标变成"细十字"线状，按住左键在"工作区"中拖拉一下，即可插入一个文本框，然后将文本输入到相应的文本框中。

设置要素：仿照上面的操作，设置好文本框中文本的"字体"、"字号"、"字体颜色"等要素。

调整大小：将鼠标移至文本框的四角或四边"控制点（图 G 中的空心圆圈）"处，成双向拖拉箭头时（参见图 G），按住左键拖拉，即可调整文本框的大小。

左边是"文本编辑状态"，右边是"文本框操作状"，注意二者外框的区别！

移动定位：将鼠标移至文本框边缘处成"梅花"状时（参见图 G），点击一下，选中文本框，然后按住左键拖拉，将其定位到幻灯片合适位置上即可。

旋转文本框：选中文本框，然后将鼠标移至上端控制点（图 G 中的蓝色实心圆点），此时控制点周围出现一个圆弧状箭头（参见图 G），按住左键挪动鼠标，即可对文本框进行旋转操作。

小技巧：①在按住 Alt 键同时，用鼠标拖拉文本框，或者，在按住 Ctrl 键的同时，按动光标键，均可以实现对文本框的微量移动，达到精确定位的目的。②将光标定在左侧"大纲区"中，切换到"大纲"标签下，然后直接输入文本，则输入的文本会自动显示在幻灯片中（如图 H）。③将图片插入到幻灯片中：将光标定在"工作区"，执行"插入—图片—来自文件"命令，打开"插入图片"对话框（如下图所示）。

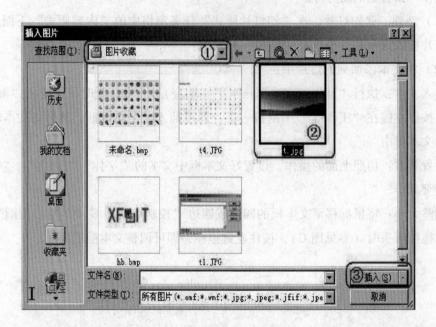

定位到图片所在的文件夹（①），选中需要的图片（②），按下"插入"按钮（③），即可将图片插入到幻灯片中（如下图所示）。

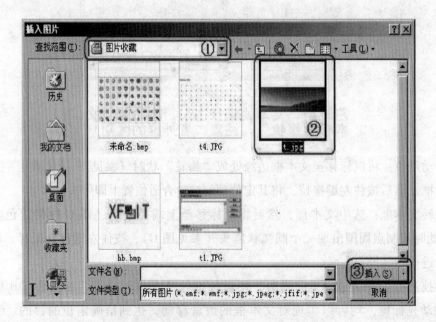

一、熟悉PowerPoint2002的工作界面。

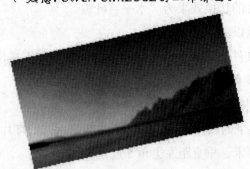

注意：调整图片的大小、移动、定位和旋转图片的操作方法，同操作文本框十分相似。

## 实训问答

1. 幻灯片的制作要求是什么？

答：幻灯片的制作要求我们对文本的编排要短小精悍、内容要清晰、目标要明确、重点应突出、简明扼要。

2. 母版的使用可以很好的控制幻灯片的外观，那么使用一样的母版有什么优势？

答：模板我们可以选用多种形式，相同的母版可以给我们一种主题明亮的感觉，给大家留下深刻的印象。

## 实训巩固

1. 打开 powpitkt 文件夹下的 powpita. ppt 文件，进行如下操作：（2006 年 a 卷）

幻灯片编辑：

在第一张幻灯片的前面插入一张新的"空白"版式幻灯片。

在新插入的幻灯片中插入艺术字：

艺术字内容为"计算机网络"；艺术字样式为"第一行，第三列"样式。

字体为"黑体"，字号为40；艺术字填充为"白色"，线条为"白色"。

将艺术字形状设置为"细下弯弧"。

幻灯片动画和动作按钮：在第二张幻灯片中操作：

插入动作按钮：在右下角。

选择样式：自定义，高 2 厘米、宽 3 厘米，添加文字"返回"、隶书、字号24。

动作设置：链接到第一张幻灯片，单击鼠标动作。

设置所有的幻灯片的切换效果为"水平百叶窗"。

最后将此演示文稿以原文件名存盘。

2. 打开 powpitkt 文件夹下的 powpita. ppt 文件，进行如下操作：（2005 年 a 卷）

（1）幻灯片基本操作

将第八张幻灯片调整到为第二张幻灯片。

将 powpitkt 文件夹下的图片"net. jpg"插入到第六张幻灯片中，图片的位置为：
水平距左上角 5 厘米，垂直距左上角 5 厘米。

（2）幻灯片链接

在第三张幻灯片右下角插入一个"动作按钮"。

选择样式：自定义，高 2 厘米、宽 3 厘米，添加文字"返回"、隶书、字号 36。

动作设置：链接到第二张幻灯片，单击鼠标动作。

动画设置：

对第二张幻灯片进行自定义动画设置。

标题 1：飞入、左侧，动画播放后不变暗。

文本 2：百叶窗、水平，动画播放后不变暗。

最后将此演示文稿以原文件名存盘。

3. 打开 powpitkt 文件夹下的 powpita. ppt 文件，进行如下操作：（2004 年 a 卷）

（1）幻灯片切换

将幻灯片的切换方式设置为"水平百叶窗"，切换速度"中速"，应用范围"全部应用"。

（2）幻灯片链接

将第二张幻灯片（"第一节计算机网络的定义、发展过程和趋势"）右下角插入一个"动作按钮"。

选择样式：自定义，高 2 厘米、宽 3 厘米，添加文字"返回"、隶书、字号 36。

动作设置：链接到第二张（"主要内容"）幻灯片，单击鼠标动作。

（3）动画设置

对第二张幻灯片进行自定义动画设置。

标题效果：飞入、左侧，动画播放后不变暗。

文本效果：百叶窗、水平，动画播放后不变暗。

最后将此演示文稿以"pa1. ppt"为文件名另存到 powpitkt 文件夹中。

# 项目七　FrontPage 2003 网页制作软件

FrontPage 是一种软件。FrontPage 这种软件主要用来制作网页和管理网站。FrontPage 和 Word、Excel 一样，是 Office 组件之一，只要计算机装上有 Office 软件，FrontPage 也就随之安装了。只要你会用 Word，你就会很快地学会 FrontPage，因为他们的操作界面和操作方式非常相似。

## 实训一　网页的基本操作

### 实训目标

1. 使学生能够讲述 FrontPage 的基本功能。
2. 能够叙述 FrontPage 的基本操作。
3. 能够叙述打开、保存网页。
4. 能够叙述设置网页的属性。

### 实训基础知识

1. 创建新的网页

方法一：单击"开始"—"程序"—"Microsoft FrontPage"，此时启动 FrontPage 并建立一个新的网页。

方法二：单击 FrontPage 的"新建网页"按钮 ▯ ，即建立一个新的网页。

2. 打开、保存网页

（1）打开已有的网页

单击 FrontPage 的"打开"按钮 ☞ ，出现下面的对话框，找到要打开的文件，单击按钮 ☞ 打开(D) ▾ 就可以了。

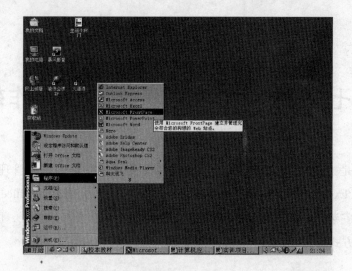

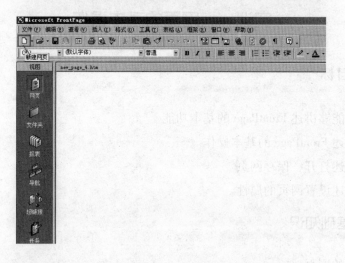

（2）网页的保存

方法一：单击常用工具栏的"保存文件"按钮 ，出现下面的对话框，选择要保存的位置，起好文件名，单击"保存"按钮  就可以了。

方法二：单击"文件"菜单，在出现下拉菜单中选择"另存为"。

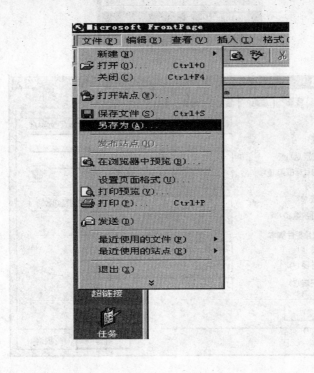

3. 页属性的设置

方法一：单击 FrontPage 的"格式"菜单，在出现下拉菜单中选择"背景"。

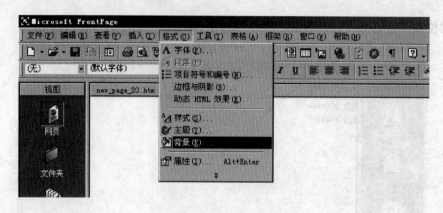

方法二：在网页中右击鼠标，在出现的菜单中选择"网页属性"。

在"网页属性"对话框，就可以设置"标题"、"背景"。

## ⊕ 实训实例指导

启动 FrontPage，新建一个网页，设置网页属性，标题为"欢迎浏览我的网页"，背景为"浅蓝色"。设置好后，网页文件起名为 page1，保存在 frokt 文件夹中。

操作方法：

（1）"开始"—"程序"—"Microsoft FrontPage"就启动 FrontPage 并建立了一个网页。

（2）在网页编辑区单击鼠标右键，在出现的菜单中选择"网页属性"。

（3）在"网页属性"对话框，单击"常规"标签，在"标题"栏输入：欢迎浏览我的网页。

（4）在"网页属性"对话框，单击"背景"标签，在"颜色"下的"背景"中选择浅蓝色。

（5）单击 FrontPage 的"保存文件"按钮 📀 ，选择要保存的位置，起好文件名，然后单击"保存"按钮。

## 👥 实训问答

1. 如何设置网页主题？

在网页编辑区单击鼠标右键，在出现的菜单中选择"网页属性"，在"网页属性"对话框中单击"常规"，在"标题"栏直接输入标题。

2. 如何将网页背景设置成蓝色？

在网页编辑区单击鼠标右键，在出现的菜单中选择"网页属性"，在"网页属性"对话框中单击"背景"，在"颜色"栏直接选择"背景"蓝色。

## ✂ 实训巩固

1. 打开 frokt 下的 page1 网页文件。

2. 将网页的主题改为"Welcome"。

3. 将网页的背景颜色改为白色。

# 实训二　网页的设计

## 实训目标

1. 能够叙述文本的编辑。
2. 能够叙述图像的操作与使用。
3. 能够叙述表格的操作与使用。
4. 能够叙述超级链接。
5. 学会使用表单。
6. 能够讲述框架结构。

## 实训基础知识

### 一、文本的编辑

在 FrontPage 的编辑区，可以很方便地输入文字，并利用常用工具栏的按钮快速地设置文字的大小、颜色等。

更多的设置在菜单"格式"→"字体"中。

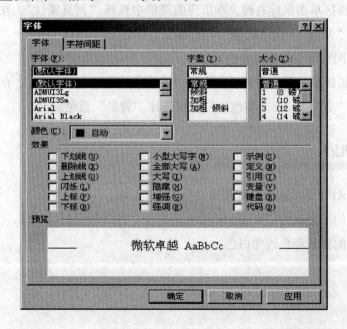

## 二、图像操作

### 1. 插入图像

方法一：单击常用工具栏的按钮 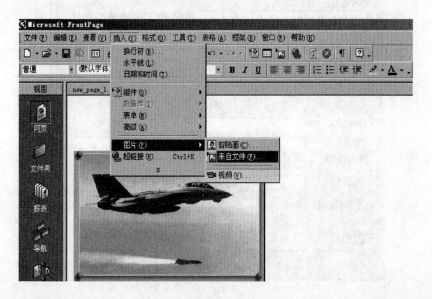 ，出现选择图片文件对话框。

方法二：菜单"插入"—"图片"—"来自文件"，出现选择图片文件对话框。

在出现的选择文件对话框中，找到要插入的图片文件，单击"确定"按钮就可以了。

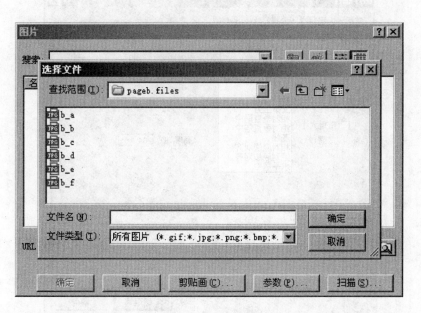

2. 设置图像的属性

在图片上单击右键，会出现菜单，选择"图片属性"，出现下面的对话框，就可以设置图片的属性了。

设置图片的对齐方式和大小，单击"图片属性"的"外观"，如下图。

### 三、表格的基本使用

1. 在网页中插入表格

单击菜单"表格"—"插入"—"表格"。

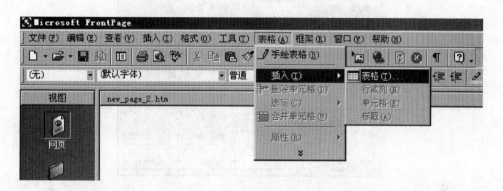

出现下面的对话框。

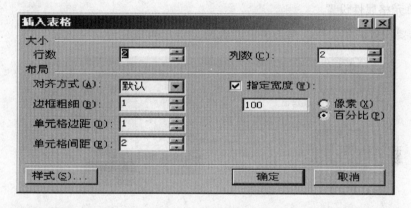

把"插入表格"对话框各项都设置好，单击"确定"按钮就在网页中插入表格了。表格的修改编辑和 Word 里的表格是一样的。

2. 表格的属性设置

单击表格内的任何位置，单击菜单"表格"—"属性"—"表格"。

会出现"表格属性"对话框，右击表格也可以调出"表格属性"对话框。

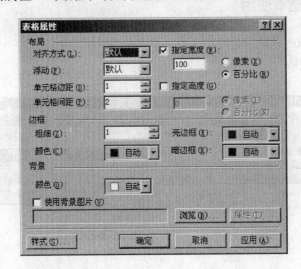

在"表格属性"对话框里就可以设置表格的各项属性了。

3. 单元格属性设置

单击要设置的单元格，单击菜单"表格"—"属性"—"单元格"。

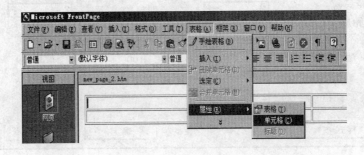

会出现"单元格属性"对话框，右击单元格也可以调出"单元格属性"对话框。

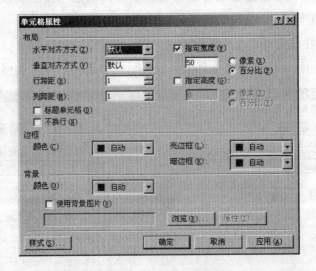

在"单元格属性"对话框里就可以设置单元格的各项属性了。

## 四、超级链接

### 1. 文本超链接的建立与设置

如果文字要链接到一个地址，首先选中该文字，然后单击工具栏按钮 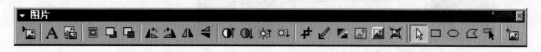，就会出现"创建超链接"对话框。

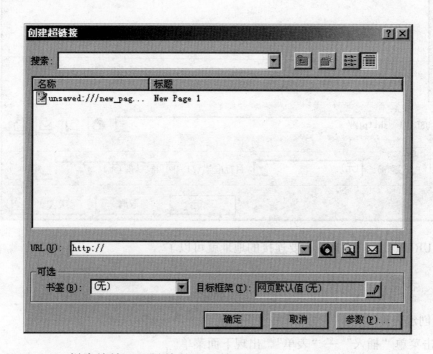

在 URL（U）栏直接输入要链接的地址就可以了。

### 2. 图像超链接、热点区域、书签

如果图片链接到一个地址：右击图片—"图片属性"—"常规"，在"默认超链接"的"地址"栏直接输入要链接的地址就可以了。

如果图片有多个链接热点：单击图片，出现图片工具栏：

在图片工具栏，矩形热点选按钮 ▭，圆形热点选按钮 ◯，多边形按钮选 ◁。在图片上画出热区后出现下面对话框。

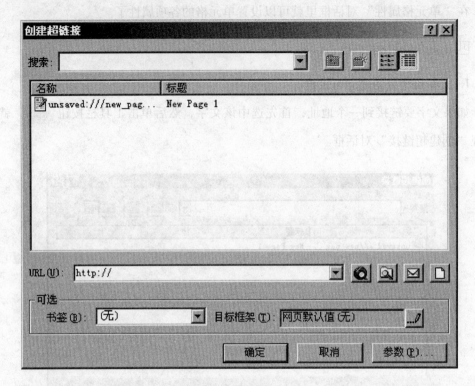

在 URL（U）栏直接输入要连接的地址就可以了。

## 五、表单

### 1. 创建表单

单击菜单"插入"—"表单"，出现下面菜单。

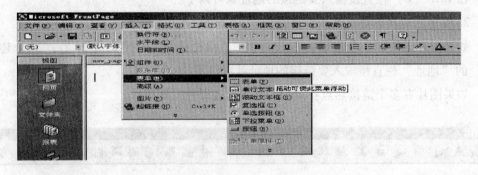

就可以在网页中插入所需的表单元素了。

### 2. 设置表单属性

鼠标右击表单元素，会出现下面的菜单。

在出现的"表单属性"对话框中就可以设置表单属性了。

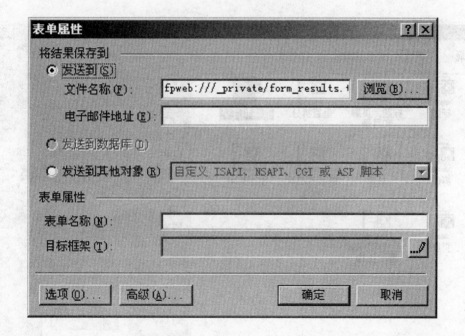

## 六、框架结构

1. 创建框架网页

单击菜单"文件"—"新建"—"网页",出现新建对话框。

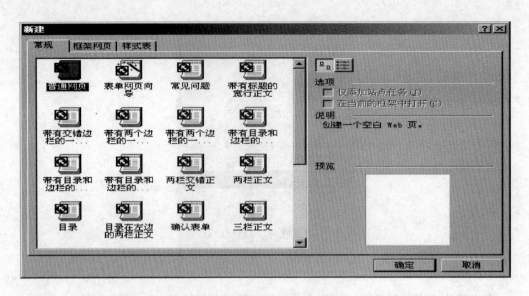

单击"框架网页"标签，出现下面的对话框。

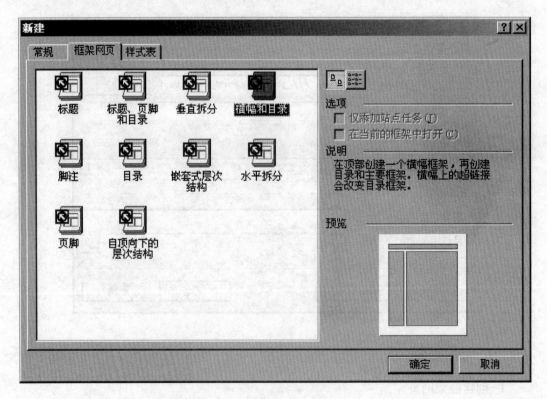

选择所要的框架类型就可以了。

2. 框架属性设置

如果要更改框架属性，鼠标右击该框架网页，会出现下面的菜单。

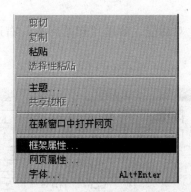

选择"框架属性"。

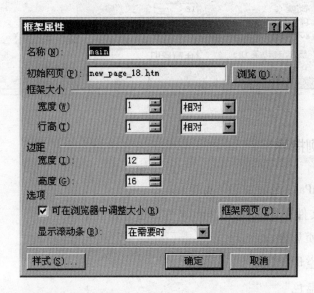

在"框架属性"对话框里，就可以设置框架的各种属性了。

3. 更改框架链接的网页

如果要更改框架链接的网页，鼠标右击该网页，会出现下面的菜单。

选择"框架属性"。

在出现的"框架属性"对话框，单击"初始网页"右边的"浏览"按钮就可以选择要链接的网页了。

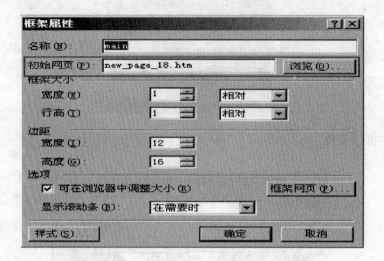

### 实训实例指导

2006 年 FrontPage 网页制作（A 卷）

打开 fropkt 文件夹下的 pagea. htm 文件，进行如下操作：

（1）设置网页属性。

标题为"航空母舰"

背景为"浅蓝色"

插入图片：将 fropkt 文件夹下的"pagea. files \ a_ a. jpg"插入左框上部；将"pagea. files \ a_ b. jpg"插入左框中部；将"pagea. files \ a_ c. jpg"插入左框下部。

（2）图片外观设置：对齐方式为居中。宽度设置为 130 像素，保持纵横比。

（3）热点设置：将图片"a_ a. jpg"设置为圆形热点，与图片"pagea. files \ a_ d. jpg"链接；将图片"a_ b. jpg"设置为矩形热点，与图片"pagea. files \ a_ e. jpg"链接；将图片"a_ c. jpg"设置为多边形（形状自定）热点，与图片"pagea. files \ a_ f. jpg"链接。

（4）链接设置：

将标题下面文字"更多〉〉〉"与 http：//www. sina. com. cn 链接。

将标题下面文字"与我联系"与 kaoshia@ sina. com. cn 电子邮件地址链接。

将上述操作结果保存。

操作要点：

启动 FrontPage："开始"—"程序"—"Microsoft FrontPage"。

单击菜单"文件"—"打开"，找到 fropkt 文件夹下的 pagea. htm 文件—单击"打开"按钮。

右击网页，在"网页属性"对话框"标题"栏输入：航空母舰。

单击在"网页属性"的"背景"标签，在"颜色"栏设置背景。

单击左框上部，单击菜单"插入"—"图片"—"来自文件"，找到 ropkt 文件夹下的"pagea. files \ a_ a. jpg，单击"确定"按钮。

单击左框中部，单击菜单"插入"—"图片"—"来自文件"，找到 ropkt 文件夹下的"pagea. files \ a_ b. jpg，单击"确定"按钮。

单击左框下部，单击菜单"插入"—"图片"—"来自文件"，找到 ropkt 文件夹下的"pagea. files \ a_ c. jpg，单击"确定"按钮。

鼠标右击图片，出现菜单，选择"图片属性"，单击"外观"标签，选对齐方式为居中，选择"指定大小"，宽度设置为 130 像素，选择"保持纵横比"。

单击图片"a_ a. jpg"，出现图片工具条，在图片工具条上选"圆形热点" ⬭ ，在图片上拖动鼠标画圆，松开鼠标后，出现"创建超链接"对话框，单击 URL（U）右边的按钮 🔍 ，找到图片图片"pagea. files \ a_ d. jpg 后，单击"确定"按钮。

单击图片"a_ b. jpg"，出现图片工具条，在图片工具条上选"长方形热点" ⬜ ，在图片上拖动鼠标画长方形，松开鼠标后，出现"创建超链接"对话框，单击 URL（U）右边的按钮 🔍 ，找到图片图片"pagea. files \ a_ e. jpg 后，单击"确定"按钮。

单击图片"a_ c. jpg"，出现图片工具条，在图片工具条上选"多边形热点" ◺ ，在图片上拖动鼠标画多边形，多边形封闭后，出现"创建超链接"对话框，单击 URL（U）右边的按钮 🔍 ，找到图片图片"pagea. files \ a_ f. jpg 后，单击"确定"按钮。

选中文字"更多〉〉〉"（用鼠标拖动），单击工具栏按钮 🔗 ，出现"创建超链接"对话框，在 URL（U）栏直接输入 http：//www. sina. com. cn 后，单击"确定"按钮。

选中文字"与我联系"（用鼠标拖动），单击工具栏按钮 🔗 ，出现"创建超链接"对话框，在 URL（U）栏直接输入 mailto：kaoshia@ sina. com. cn 后，单击"确定"按钮。

单击菜单"文件"—"保存文件"。

## 👥 实训问答

1. 那么多的菜单和按钮，找不到相应的菜单或按钮时，该怎么办？

点鼠标右键。

2. 如何画图片的多边形热点？

在图片上用鼠标单击多边形的顶点，最后的顶点要和开始的顶点重合，就变成封闭的多边形了。

## ✂ 实训巩固

打开 fropkt 文件夹下的 pageb. htm 文件，进行如下操作：

设置网页属性：

（1）标题为"导弹"。

（2）背景为"浅蓝色"。

（3）插入图片：将 fropkt 文件夹下的"pageb. files \ b_ a. jpg"插入左框上部；将"pageb. files \ b_ b. jpg"插入左框中部；将"pageb. files \ b_ c. jpg"插入左框下部。

（4）图片外观设置：对齐方式为居中。宽度设置为 150 像素，保持纵横比。

（5）热点设置：将图片"b_ a. jpg"设置为圆形热点，与图片"pageb. files \ b_ d. jpg"链接；将图片"b_ b. jpg"设置为矩形热点，与图片"pageb. files \ b_ e. jpg"链接；将图片"b_ c. jpg"设置为多边形（形状自定）热点，与图片"pageb. files \ b_ f. jpg"链接。

（6）链接设置：

将标题下面文字"更多〉〉〉"与 http：//www. sina. com. cn 链接。

将标题下面文字"与我联系"与 kaoshib@ sina. com. cn 电子邮件地址链接。

将上述操作结果保存。

# 参考文献

[1] 范国渠. 办公自动化教程 [M]. 北京：清华大学出版社，2008.

[2] 陈民. 计算机应用基础 [M]. 南京：江苏教育出版社，2012.

[3] 田茂兴. 计算机应用基础 [M]. 上海：上海交通大学出版社，2012.

# 2013 年河北省高校计算机一级考试大纲

## 第一部分　基础知识（25 分）

### 一、信息技术基础知识

1. 信息的概念、特征和分类。
2. 信息技术的概念和特点。
3. 我国的信息化建设。

### 二、计算机系统基础知识

1. 计算机的发展史，计算机的特点、应用和分类。
2. 计算机中的数据与编码。
3. 冯·诺依曼型计算机的硬件结构及其各部分的功能。
4. 微型计算机的硬件结构及其各部分的功能。包括：中央处理器、总线、内存储器、外存储器、输入设备、输出设备。

### 三、计算机软件系统知识

1. 指令和指令系统、计算机的工作原理。
2. 计算机软件系统的层次结构及其组成：包括：系统软件、应用软件。
3. 操作系统的概念、分类及主要功能；语言的类型及语言处理程序。
4. 文件及文件的管理：文件的定义、命名规则以及通配符的使用。

### 四、计算机网络基础知识

1. 计算机网络的定义、分类、组成与功能。
2. 网络通信协议的基本概念。
3. 局域网的特点和组成；局域网的主要拓扑结构。

4. 局域网组网的常用技术。

## 五、因特网（Internet）基础知识

1. 因特网的基础知识。包括：因特网的形成与发展、中国因特网简介。

2. 因特网提供的主要服务；因特网的通信协议；IP 地址和域名；因特网的接入方式

3. 万维网主要术语。包括：网页、主页、统一资源定位器（URL）、超文本、超级链接。Outlook Express 软件的使用。

4. 电子邮件基础知识及 Outlook Express 软件的使用。

5. 计算机病毒和网络安全知识。包括：计算机病毒的概念、特点、分类和预防；网络黑客和防火墙的概念。

## 六、多媒体信息处理知识

1. 多媒体技术的基本概念。包括：媒体及其分类、多媒体及其主要特征。

2. 多媒体的重要媒体元素。包括：文本、音频、图形和静态图像、动画、视频。

3. 多媒体计算机的组成。

## 七、常用软件

Word 2003、Excel 2003、PowerPoint 2003、FrontPage 2003、Internet Explorer、Outlook Express 的使用及相关概念。

# 第二部分　Windows 2000/XP/2003 中文操作系统（5 分）

1. Windows 2000/XP/2003 的基本操作

桌面操作：

文件或文件夹的添加、删除、移动、复制。快捷方式的创建、删除、重命名。

窗口操作：

打开、关闭、最小化、最大化、还原窗口操作。

调整窗口大小、移动窗口操作。改变窗口排列方式和显示方式。多窗口的排列和窗口切换。

打开各类菜单、选择菜单项。获取帮助的方法。

2. Windows 2000/XP/2003 主要部件的应用

资源管理器。包括：文件和文件夹的浏览，查找，移动、复制、删除和重命名，

属性的设置。

我的电脑。包括：磁盘格式化、软盘复制、检查磁盘空间、修改卷标。

回收站。包括：恢复、删除回收站中的文件，清空回收站。

控制面板。包括：

设置显示参数：背景和外观、屏幕保护程序、颜色和分辨率。

添加、删除硬件；添加或删除程序。

添加、删除输入方法；添加、删除打印机。

附件工具的使用。

# 第三部分　Word 2003 文字处理软件（20 分）

1. 文字编辑的基本操作

Word 2003 的启动与退出。

文档操作。包括：文档的建立、打开、保存、另存和关闭，文档的重命名。

视图操作。包括：视图、工具栏、显示比例的选择；标尺、坐标线、段落标记的显示。

文字的插入、改写和删除操作，字块的移动和复制操作。

字符串查找和替换。

2. 文字排版操作

设置页面：纸型、页边距、页眉和页脚边界。

设置文字参数：字体、字形、字号、颜色、效果、字间距等。

设置段落参数：各种缩进参数、段前距、段后距、行间距、对齐方式等。

设置项目符号和编号。

分栏。

脚注和尾注。

插入页眉、页脚和页码操作。

3. 插入表格操作

创建表格。包括：自动插入和手动绘制。

调整表格。包括：插入/删除行、列、单元格，改变行高和列宽，合并/拆分单元格。

单元格编辑。包括：选定单元格、设置文本格式、文本的录入、移动、复制和删除。

设置表格风格。包括：边框和底纹。

### 4. 图文混排操作

绘制图形。包括：图形的绘制、移动与缩放，设置图形的颜色、填充和版式。

插入图片。包括：插入剪贴画、艺术字和图片文件；以及它们的编辑操作。

文本框的使用。

对象的嵌入与链接操作。

多个对象的对齐、组合与层次操作。

## 第四部分 Excel 2003 电子表格软件（20 分）

### 1. Excel 应用程序的基本操作

Excel 应用程序的启动与退出。

工作簿操作。包括：新建、打开、保存、另存、关闭工作簿。

工作表操作。包括：选定工作表、插入/删除工作表、插入/删除行与列、调整行高与列宽、命名工作表、调整工作表顺序、拆分和冻结工作表、打印工作表。

单元格操作。包括：选定单元格、合并/拆分单元格、设置单元格格式。

输入数据操作。包括：输入基本数据、输入公式与自动填充，修改、移动、复制与删除数据。

### 2. 图表操作

创建图表。包括：嵌入式图表和图表工作表。

图表编辑。包括：编辑图表对象、改变图表类型和数据系列、图表的移动和缩放。

### 3. 数据管理和分析

数据排序操作。包括：简单排序和复杂排序。

数据筛选操作。包括：自动筛选和高级筛选。

数据分类汇总和建立数据透视表操作。

## 第五部分 因特网应用（10 分）

### 1. 万维网（WWW）应用

IE 浏览器设置。包括：界面设置和 Internet 选项设置。

页面浏览操作。包括：打开、浏览 Web 页。

保存信息操作。包括：保存页面、部分文本、图片、链接页。

收藏夹操作。包括：将 Web 页添加到收藏夹、整理收藏夹。

搜索引擎的使用。包括：分类搜索和关键字搜索。

页面的打印和脱机浏览。

下载文件操作。

2. 电子邮件（E–mail）应用

Outlook Express 的运行和设置。包括：创建账号和管理账号。

撰写电子邮件。包括：选择信纸和收件人、设置文本格式和优先级、插入附件、图片和超级链接等。

收发电子邮件。包括：接收、阅读、回复、转发电子邮件。

管理文件夹。包括：收件箱、发件箱、已发送邮件、已删除邮件和草稿文件夹。

管理通讯簿。包括：添加联系人、创建联系人组，以及删除操作。

## 第六部分　PowerPoint 2003 制作演示文稿软件（10 分）

1. PowerPoint 应用程序的基本操作

PowerPoint 应用程序的启动与退出。

创建新演示文稿操作。包括：选择模板、版式、添加幻灯片，以及文本的编辑，图片、图表的插入，视图的使用。

打开、浏览、保存和关闭演示文稿操作。

幻灯片的插入、移动、复制和删除操作。

多媒体对象的插入，幻灯片格式的设置，演示文稿的打包和打印。

2. 加入动画效果

为幻灯片中的对象预设或自定义动画效果。

对幻灯片的切换设置动画效果。

插入超级链接。包括：设置"动作按钮"和"超链点"。

## 第七部分　FrontPage 2003 网页制作软件（10 分）

1. 网页的基本操作

创建新的网页。

打开已有的网页。

网页的保存。

网页的属性设置。

2. 网页的设计

文本的编辑。

图像操作：插入图像、设置图像的属性、保存包含图像的网页。

表格：表格的基本组成、建立和编辑表格、表格的属性设置。

超级链接：文本超链接的建立与设置、图像超链接、热点区域、书签。

表单：创建表单、插入表单元素、表单属性。

框架结构：创建框架网页、更改框架链接的网页、框架属性设置。

## 【考试环境】

1. 实验教学设备

学生用机　局域网环境　因特网环境。

2. 操作系统和应用软件

中文操作系统：Windows 2000/XP/2003 Office 2003 办公软件完全安装。网页制作软件：FrontPage 2003。

图片浏览查看软件：ACDSee 或 Windows 图片和传真查看器等。（用于浏览查看题签给定的示例图片，软件的版本不限）

## 【说明】

1. 本考试大纲是根据我省高校《信息技术基础课程教学大纲》，结合目前我省高校信息技术教育实际情况制定的，只适用于 2013 年全省高校计算机一级考试。

2. 本次考试分为理论部分（第一部分）和操作部分（第二至第七部分），满分 100 分；理论部分采用单项选择题的形式；考试时间：100 分钟。